JN440063

자연과학시리즈

2

# 퀴즈 물리학의 역사
## : 현대

정 완 상 지음

KYOWOOSA 교우사

# 머리말

전기에 대한 연구는 누가 처음 시작했고 어떻게 발전했을까? 우리 주위의 기체는 누가 발견했을까? 세포는 누가 발견했는가? 아마도 이런 호기심을 가진 사람들이 많을 것입니다. 그래서 이 시리즈에는 과학의 역사를 더듬어 보았습니다.

이 시리즈는 기존의 다른 과학의 역사에 관한 책들보다 퀴즈로 되어 있어 문제를 풀어볼 수 있다는 장점이 있습니다. 문제를 풀어 나가면서 물리, 화학, 생물, 지구과학, 천문학의 역사에 대해 자신이 얼마나 알고 있는가를 가늠해 볼 수 있습니다. 이 시리즈에 나오는 과학자들은 과학사의 영웅들입니다. 이런 영웅들의 업적을 통해 과학자들이 얼마나 위대한 지를 독자들이 느낄 수 있었으면 하는 것이 저자의 소망입니다.

이 책은 미래의 과학자를 꿈꾸는 청소년들, 과학에 대한 상식을 풍부하게 지니고 싶어 하는 일반인, 또한 퀴즈 프로그램에서 좋은 결과를 내고 싶어 하는 사람에게 좋은 도움이 될 것입니다.

저자는 KAIST에서 이론물리학을 하고 대학에 와서 물리학과 수학을 가르쳐 왔습니다. 그래서 그동안 대학에서 연구한 내용과 강의했던 내용을 토대로 이 책을 집필하게 되었습니다. 저자는 2011년 EBS에서 과학의 역사에 대한 스무 번의 강의를 하면서 과학의 역사를 정리하고 싶었습니다. 교우사에서 이 시리즈를 긍정적으로 생각해주셔서 이 시리즈가 나오게 되었습니다. 이번 시리즈를 만들면서 지자 본

인도 과학의 역사를 좀 더 알 수 있었고, 전에는 알지 못했던 새로운 과학자에 대해서도 알게 되어 즐거웠습니다.

끝으로 이 책을 출간할 수 있도록 배려하고 격려해준 교우사의 식구들에게 감사를 드립니다. 이 책의 자료 정리에 도움을 준 대학원생들에게도 감사를 드립니다.

진주에서

정완상

CONTENTS

# 퀴즈 물리학의 역사: 현대

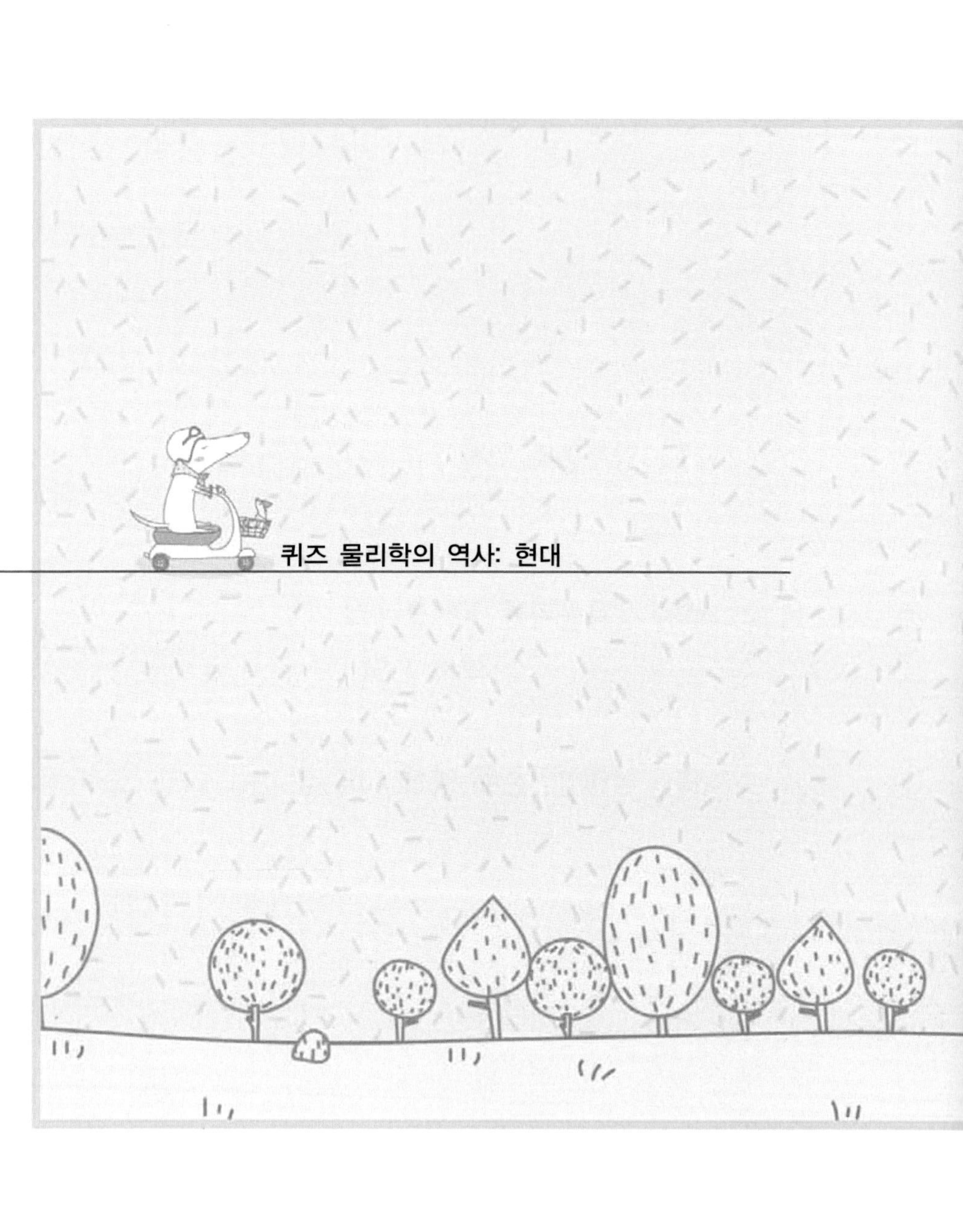

# 제 1 부

# 양자론의 역사

QUIZ 01

이 사람은 가열된 나트륨에서 나온 빛을 프리즘에 통과시켰을 때 노란 선스펙트럼이 나타나는 것을 발견하고 이 선을 나트륨의 D선이라고 불렀다. 이 사람은 누구인가?

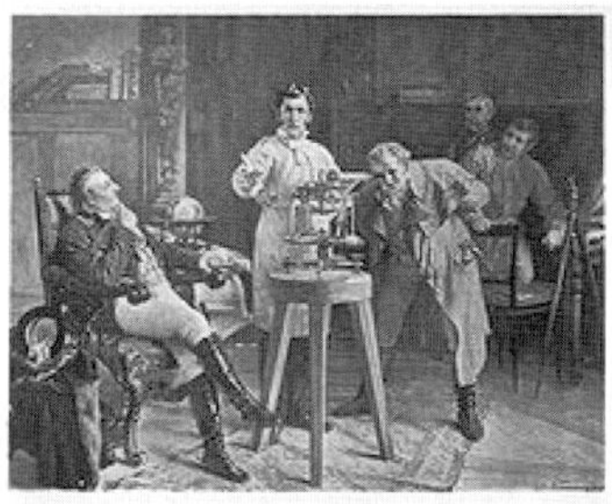

해설 프라운호퍼는 유리기구제작자의 아들로 태어나서 어린 시절은 렌즈 제작자로 지냈다. 1814년에 독일의 프라운호퍼는 가열된 나트륨으로부터 나트륨 D선을 발견했다. 스펙트럼 연구를 많이 한 그는 태양의 스펙트럼을 조사해 574개의 암선을 발견했다.

ANSWER

01 프라운호퍼(Joseph Von Fraunhofer, 1787~1826)

QUIZ 02

1859년 이 사람은 나트륨 증기를 통과한 흰 빛의 스펙트럼에서 암선이 나타나는 데 그 위치가 프라운호퍼의 나트륨 D선의 위치임을 알아내고 원소들은 자신이 흡수한 빛과 똑같은 빛을 가열되었을 때 방출한다는 사실을 알아냈다. 이 사람은 누구인가?

해설 독일의 물리학자 키르히호프는 나트륨이 모든 빛 중에서 노란빛을 흡수하는 성질이 있으며 이것이 가열되면 나트륨이 흡수했던 노란빛을 방출한다는 사실로부터 빛의 흡수와 방출에 관한 키르히호프 법칙을 발견했다.

ANSWER

02 키르히호프

QUIZ 03

강한 자기장을 걸어주면 나트륨 D선이 두 개로 나누어진다는 것을 처음 알아낸 사람은 누구인가?

해설 제만은 자기장에 의해 나트륨의 선스펙트럼이 두 개로 나누어지는 것을 알아냈는데 이것을 제만 효과라고 부른다. 제만은 1865년 네덜란드의 조네마이어에서 태어났다. 그는 라이덴 대학교에서 로렌츠와 오네스에게 물리를 배웠다. 1900년 제만은 암스테르담 대학교의 교수가 되었다.

QUIZ 04

물질의 스펙트럼을 조사하면 그 물질 속에 어떤 원소들이 들어 있는지를 알 수 있는 데 이렇게 물질의 스펙트럼을 조사하는 학문을 무엇이라고 부르는가?

해설 분광학은 키르히호프와 그의 동료인 분젠에 의해 시작되었다. 물질의 스펙트럼을 조사하는 장치를 분광기라고 부른다.
1861년 키르히호프와 분젠은 분광기를 이용해 새로운 원소들을 찾아냈는데 대표적인 것으로는 루비듐과 세슘이다.

ANSWER

03 제만 04 분광학

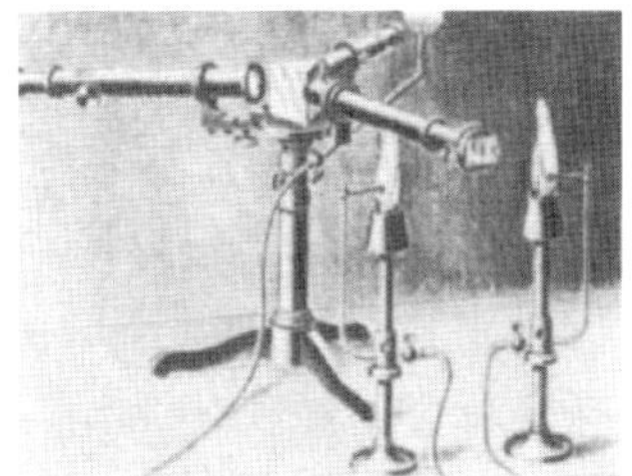

최초의 분광기

QUIZ 05

태양과 지구사이에는 아무 물질도 없는 데 태양 빛을 받으면 따뜻해지는 이유는 태양의 열이 복사를 통해 지구에 전달되기 때문이다. 이렇게 물질을 통하지 않고 열이 전달되는 것을 열의 복사라고 한다. 1879년 오스트리아의 볼츠만과 슈테판은 가열된 물체에서 나오는 복사 에너지가 물체의 이것의 네제곱에 비례한다는 사실을 알아냈는데 이것은 무엇인가?

해설 열의 이동방식에는 전도, 대류, 복사의 세 가지가 있다. 열의 복사는 다른 곳에서도 볼 수 있다. 전기 히터를 켜면 우리는 전기히터에서 나오는 빛과 함께 열기를 느끼게 되는데 이것은 가열된 전기히터의 복사 때문이다. 가열된 물체에서 나오는 빛과 열을 합쳐 열복사선 또는 복사선이라고 부르는 데 복사선은 가열된 물체의 온도에 따라 달라진다.

ANSWER

05 온도

1886년에는 미국의 랭글리(S.P. Langley, 1834~1906)가 복사선의 강도를 잴 수 있는 볼로미터(bolometer)를 발명했다.

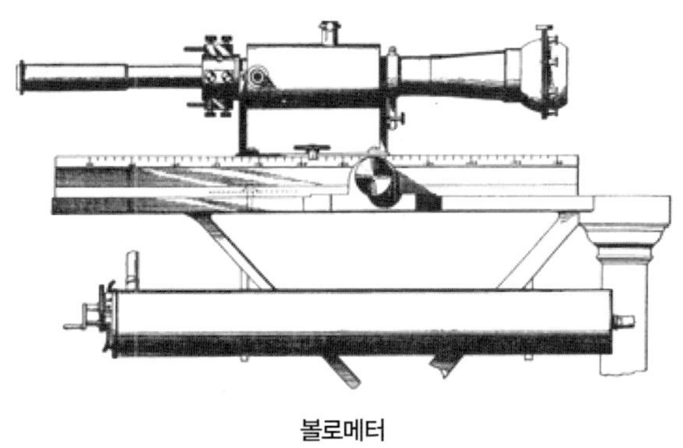

볼로메터

QUIZ 06

파동이란 무엇인가?

해설 줄의 한 쪽을 벽에 매달고 반대쪽을 위 아래로 흔들면 줄의 모양이 변하는데 이것을 변형이라고 부른다. 이때 줄의 각 지점은 위아래로만 움직이지 옆으로 움직이지는 않는다. 이렇게 물질 자체는 이동하지 않고 물질에서의 변형이 옆으로 이동하는 현상을 파동이라고 부른다. 이때 변형을 줄을 타고 이동하는데 이렇게 파동을 전하는 물질을 매질이라고 부른다. 즉, 줄을 흔들었을 때 생기는 파동의 매질은 줄이다.

줄을 흔들었을 때 생긴 파동의 모습을 보면 다음 그림과 같다.

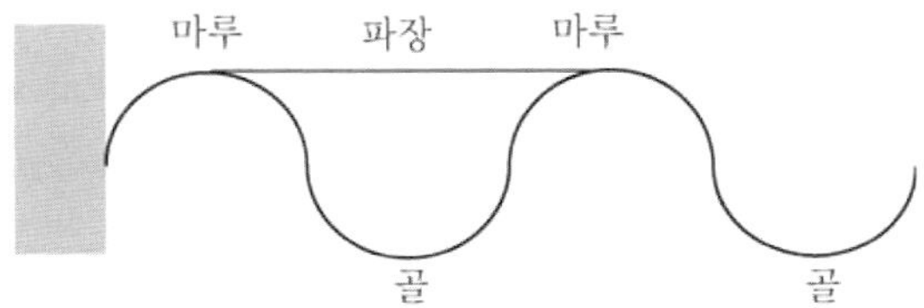


이때 줄이 가장 높이 올라간 지점을 마루라고 하고 가장 낮게 내려간 곳을 골이라고 한다. 이때 마루와 마루의 거리 또는 골과 골 사이의 거리를 파장이라고 부른다.
이때 줄을 더 세게 흔들면 마루와 마루 사이의 거리가 짧아진다.

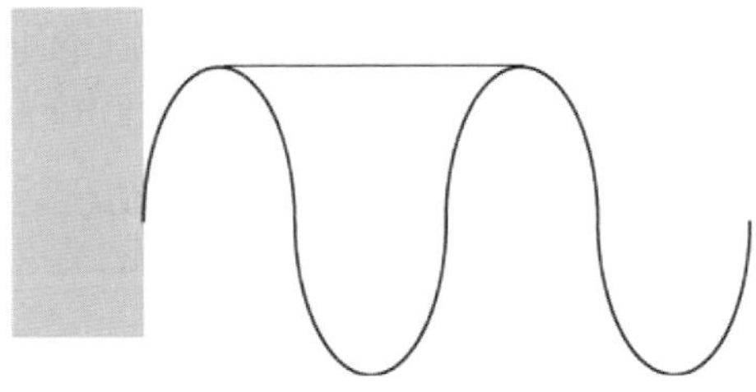

줄을 더 세게 흔들면 마루와 마루 사이의 거리가 짧아지므로 파장이 짧아진다.
파동에서 매질의 한 지점에 마루가 나타났다가 다시 마루가 나타나는 데 걸리는 시간을 주기라고 부른다. 따라서 파장과 주기 사이에는 다음 식이 성립한다.

(파장)=(파동의 속도)×( 주기)

주기를 다시 말하면 매질의 한 지점이 진동을 한번 완료하는 데 걸리는 시간이다. 이때 매질의 한 지점이 1초 동안 진동한

횟수를 진동수라고 한다. 그러므로 진동수와 주기는 다음과 같은 관계를 따른다.

$$(\text{진동수}) = \frac{1}{(\text{주기})}$$

따라서 파장과 진동수는 서로 반비례한다는 것을 알 수 있다. 줄을 세게 흔들면 줄에 큰 에너지가 전달되고 이 에너지는 줄에 생긴 파동의 에너지가 된다. 그러므로 파장이 짧을수록 파동의 에너지가 커진다.

QUIZ 07

1893년 베를린 대학의 빌헬름 빈(Wilhelm Wien, 1864~1928)은 가열된 물체에서 나오는 복사의 강도가 최대에 도달할 때 복사선의 이것과 온도의 곱이 일정하다는 사실을 알아냈다. 이것은 무엇인가?

해설 가열된 물체가 뜨거울수록 복사선의 파장이 짧아진다. 가열된 물체에서 나오는 복사선은 빛이다. 빛은 우리 눈에 보이는 가시광선도 있지만 눈에 보이지 않는 적외선이나 자외선도 있다. 빛은 파장이 아주 긴 적외선부터 파장이 점점 짧아지면 빨강 노랑 파랑 보라색의 빛으로 변하다가 파장이 아주 짧아지면 눈에 보이지 않는 자외선이 된다.

ANSWER

07 파장

일반적으로 파장이 짧을수록 에너지가 큰데 가열된 물체의 온도가 높으면 에너지가 크기 때문에 그 물체에서 나오는 복사선도 에너지가 큰 (파장이 짧은)빛을 방출한다. 파동은 파장이 짧을수록 진동수가 크다. 그러니까 파장과 진동수는 반비례한다.

좀 더 자세히 살펴보면 물체의 온도가 100도 정도에 다다르면 물체는 파장이 긴 적외선을 방출한다. 적외선은 눈에 보이지는 않지만 우리 몸에 흡수되어 우리에게 따뜻한 느낌을 준다. 물체의 온도가 600도에 이르면 빨간빛이 나오고 2000도 정도에 이르면 빨강에서 보라까지의 모든 가시광선이 나와 이때 열복사선은 이 빛들이 모두 섞인 흰 빛이 된다. 온도가 더 올라가 4000도에 이르게 되면 파장이 너무 짧아 눈으로 볼 수 없는 자외선이 나온다. 이렇게 가열된 물체의 온도에 따라 물체로부터 여러 가지의 복사선이 나온다.

QUIZ 08

1894년 빈은 물체가 검다는 것은 물체가 모든 색의 빛을 흡수하기 때문이라 생각했다. 그리고 그는 완벽하게 검은 색을 띠는 물체는 모든 빛을 흡수하므로 이것을 가열하면 모든 색의 빛을 방출하게 될 것이라고 생각하고 검은물체를 만들었다. 빈이 만든 검은물체의 원리를 설명하라.

해설 빈은 내부가 비어있는 물체의 벽에 작은 구멍을 뚫고 벽면을 거울처럼 반사가 많이 일어나게 하였다. 이제 빛은 벽을 통해 못 들어가고 조그만 구멍을 통해서만 들어갈 수 있고 구멍을 통해 들어간 빛은 밖으로 나올 수 없었다. 따라서 이 물체는 완벽하게 모든 빛을 흡수하는 검은 물체이다. 빈은 이 물체를 태워 나온 빛은 모든 색의 빛을 방출할 것이라고 생각했다. 빈의 예상은 옳았다. 검은 물체를 태워 나온 빛의 스펙트럼은 빨강에서 보라까지의 연속 스펙트럼이었다.

빈은 여기서 멈추지 않고 가열된 검은 물체에서 나온 빛의 스펙트럼에서 빛의 파장(wavelength)과 빛의 에너지밀도(energy density) 사이의 관계를 조사했다. 에너지 밀도란 검은 물체에서 나오는 시간당 복사에너지를 부피로 나눈 값이다.

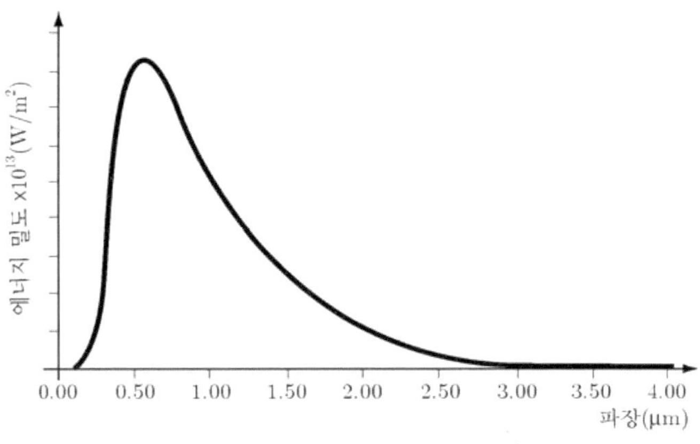


**검은 물체의 복사에서 빛의 강도와 파장과의 관계**

빈은 이 그래프를 분석하여 빛의 에너지밀도와 파장 사이의 어떤 함수 관계를 찾으려고 했다. 그는 가열된 검은 물체 속에는 모든 파장의 빛 알갱이가 각 방향으로 심하게 운동한다고 가정하여 빛의 에너지 밀도와 파장에 관한 공식을 얻었다. 그런데 빈의 공식은 짧은 파장의 빛인 파랑 빛에 대해서는 실험 결과와 잘 맞았지만 긴 파장의 빛인 빨강 빛에 대해서는 잘 맞지 않았다. 그래서 빈의 공식을 파랑공식이라고 부른다.

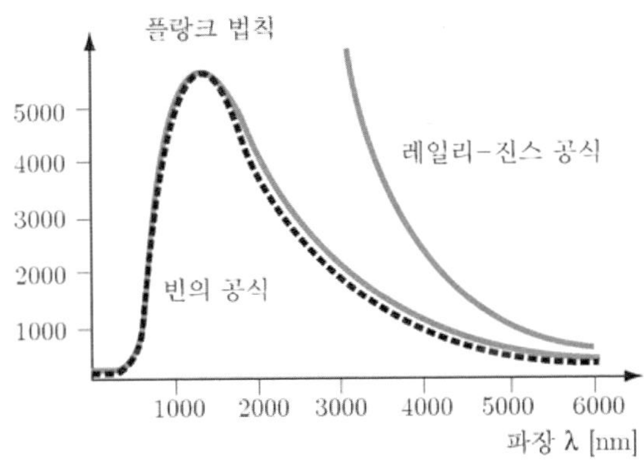


빈의 공식과 실험치와의 비교

**QUIZ 09**

**빈의 공식과는 반대로 파장이 긴 빨간색 빛에 대해 잘 맞는 공식을 빨강공식이라고 부른다. 이 공식을 알아낸 과학자 두 사람의 이름은?**

해설 영국의 레일리와 진스는 검은 물체 속의 빛이 진동하는 빛 알갱이의 모임이라고 생각했다. 따라서 검은 물체 속에서 진동하는 빛 알갱이들은 양쪽 경계를 갖고 진동을 하므로 각각의 파장에 대한 파의 숫자를 정확하게 헤아릴 수 있을 것이라 생각했다.

가령 길이가 10인 곳에 파장이 10인 파는 1개, 파장이 5인 파는 2개 파장이 2.5인 파는 4개가 들어갈 수 있다. 이렇게 검은 상자 속의 모든 파장에 대응되는 파의 개수를 헤아릴 수 있다. 이러한 논리에 의하면 짧은 파장을 갖는 파동의 개수는 긴 파장을 갖는 파동의 개수보다 많아진다. 레일리와 진스는 파장이 길던 짧던 하나의 파동은 똑같은 에너지를 갖고 있다고 간주하고 모든 파장의 빛들에 대해 빛의 에너지 밀도를 계산해 보았다. 하지만 레일리와 진스의 공식은 파장이 긴 빨강 빛에 대해서는 잘 맞지만 파장이 짧은 파랑 빛에 대해서는 실험결과와 전혀 맞지 않았다.

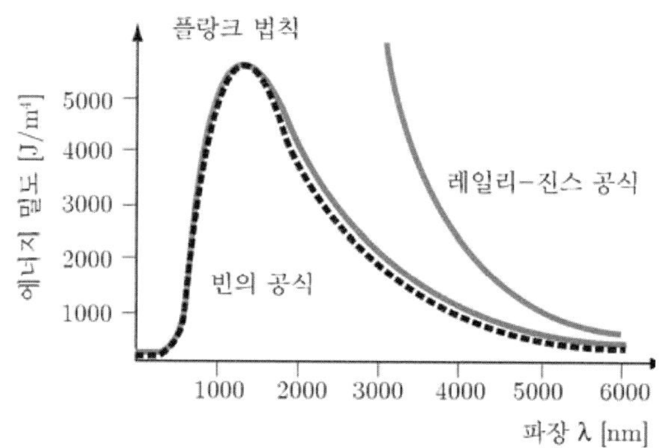


빈의 공식과 실험치와의 비교

특히 레일리와 진스의 공식이 파장이 짧은 곳에서 잘 맞지 않는 것은 쉽게 알 수 있다. 그들은 검은 물체 속에 파장이 짧은 빛일수록 많이 들어갈 수 있다고 생각했다.

ANSWER

09 레일리와 진스

그렇다면 파장이 0인 빛은 무한개가 들어 갈 수 있으므로 검은 물체의 복사에서 파장이 0인 빛의 에너지 밀도는 무한대가 되는 문제를 지니고 있었다.

QUIZ 10

빈의 실험결과와 정확히 맞는 공식을 찾아낸 사람은?

해설 물리학자들은 모든 파장에 대해 빈의 실험 그래프와 잘 맞는 공식을 찾으려고 했다. 그리고 그것은 독일의 막스 플랑크에 의해 이루어진다.
플랑크는 자신의 공식을 1900년 12월 14일 독일 물리학회에서 발표했다. 하지만 참석한 많은 물리학자들은 그의 공식을 믿으려고 하지 않았다.

QUIZ 11

플랑크는 양자라는 단어를 처음 사용했다. 양자란 무엇인가?

해설 학회에서 자신의 공식을 발표한 후 플랑크는 공식을 자세히 들여다보았다. 처음 그는 뉴턴의 물리학으로 공식을 설명해 보려고 했지만 실패했다.

ANSWER

10 플랑크

그는 '혹시 뉴턴의 물리학이 틀린 것은 아닐까?' 하는 의문을 품었다. 그리고 만일 빛이 다음 성질을 만족하면 빈의 실험결과를 완벽하게 설명할 수 있다는 것을 알아냈다.

**〈빛의 성질〉**

진동수가 $f$ 인 빛이 가질 수 있는 에너지는 $h$ 를 어떤 상수라 할 때 $hf$ 의 정수 배만 허용된다.

이때 $h$ 는 플랑크상수 또는 양자상수라 부르고 그 값은 $6.6\times10^{-34}$(J · sec)이다. 이 가설에 의하면 진동수가 $f$ 인 빛이 가질 수 있는 에너지는 다음과 같다.

$$hf,\ 2hf,\ 3hf,\ 4hf,\ \cdots$$

이 가설은 혁명을 몰고 왔다. 뉴턴 물리학의 관점에서 에너지가 이처럼 띄엄띄엄 떨어진 불연속한 값을 갖는다는 것을 상상할 수 없기 때문이다. 이때 진동수 $f$ 인 빛이 가질 수 있는 가장 작은 에너지 $hf$ 를 가진 알갱이를 에너지 양자라 부르며 빛에 대한 에너지 양자를 광자(photon)라고 부른다.

그러니까 진동수 $f$ 인 빛이 $hf$ 의 에너지를 가지면 진동수가 $f$ 인 광자 1개, $2hf$ 의 에너지를 가지면 광자가 2개, $3hf$ 의 에너지를 가지면 광자가 3개인 셈이다.

우리가 큰 수를 나타낼 때 십의 거듭제곱을 사용한다. 10를 $n$개 곱한 것을 $10^n$이라고 쓴다. 또한 $\frac{1}{10}$은 $10^{-1}$, $\frac{1}{10^2}=10^{-2}$ 등으로 쓴다. 그러므로 플랑크 상수는 $6.6\times10^{-34}$(J · sec)로 엄청나게 작은 수라는 것을 알 수 있다.

QUIZ 12

전자를 발견한 사람은?

해설 도선을 따라 움직이는 입자가 음의 전기를 띤 전자라는 것을 처음 알아낸 사람은 영국의 톰슨이다. 톰슨은 1856년 영국 맨체스터에서 태어나 14살 때 오웬스 대학에 입학했다.

1880년 톰슨은 케임브리지 대학에서 우등상을 받았다. 1894년부터 1918년까지 톰슨은 케임브리지 대학교 교수로 지냈다. 톰슨은 겸손하고 달변가였으며 기억력이 엄청나게 좋았다.

QUIZ 13

빛을 금속 표면에 쪼이면 금속 표면으로부터 전자가 튀어 나온다는 것을 처음 알아낸 사람은?

해설 이 현상을 광전효과라고 부르는데 1884년 독일의 헤르츠가 처음 알아냈다.

QUIZ 14

아인슈타인은 어떤 이론으로 노벨물리학상을 수상했는가?

ANSWER

12 톰슨 13 헤르츠 14 광전효과를 통한 광자의 존재 증명

해설 아인슈타인은 상대성이론으로 노벨물리학상을 받은 것이 아니라 광전효과를 통해 광자의 존재를 증명한 업적으로 노벨상을 받았다. 그것은 상대성이론이 너무 어려워 심사위원들이 이해할 수 없었기 때문이었다.

아인슈타인은 헤르츠의 광전효과 실험을 반복해보았다. 그런데 모든 빛에 대해 전자가 튀어나오는 것이 아니라 어떤 진동수보다 큰 진동수의 빛을 쪼였을 때만 전자가 튀어나왔다.

아인슈타인은 금속이 전자를 탈출하지 못하게 하는 힘을 작용하는 데 그 힘이 만드는 에너지 보다 더 큰 에너지의 빛을 쪼여주어야만 전자가 금속 밖으로 탈출해 광전효과가 일어난다는 것을 알아냈다.

그는 광전효과가 일어나기 위한 조건을 찾아냈고 이 과정에서 진동수 $f$인 광자가 가질 수 있는 에너지는 $hf$의 정수배가 되어야한다는 사실을 발견했다. 즉 아인슈타인의 플랑크가 가정한 광자의 존재를 이 실험을 통해 증명했다.

QUIZ 15

**빛을 물질에 충돌 시키면 파장이 달라진다는 것을 처음 알아낸 사람은?**

해설 1922년 컴프턴은 X선(파장이 자외선 보다 짧은 빛)을 물질에 쪼이면 파장이 길어진다는 것을 알아냈다. 파장이 길어진다는 것은 진동수가 작아진다는 것을 의미하는데 플랑크의 광자 개념에 의하면 진동수가 작은 광자는 에너지가 작다.

ANSWER

15 컴프턴

당구공을 충돌시키면 당구공의 에너지가 줄어들 듯 빛도 물질과의 충돌로 에너지가 감소했다. 이 사실로부터 컴프턴이 빛이 물질과 충돌할 때는 광자와 물질 속 전자가 당구공처럼 충돌한다고 생각했다.

QUIZ 16

**빛이 입자의 성질과 파동의 성질을 함께 가지고 있다는 것을 처음 알아낸 사람은?**

해설 빛이 입자인가 파동인가 하는 문제는 뉴턴의 시대로 거슬러 올라간다. 뉴턴은 빛의 입자설을 지지했고 호이겐스와 영은 빛은 파동설을 지지했다. 빛의 반사, 굴절은 입자설, 파동설로 모두 설명되지만 빛의 간섭, 회절은 파동설로만 설명이 가능해 그 당시는 파동설이 승리했다.

하지만 20세기 들어와 사정이 달라졌다. 플랑크가 광자의 개념을 도입하고 아인슈타인의 광전효과나 컴프턴의 실험에서 광자의 존재가 밝혀지면서 빛은 광자라는 불연속 에너지를 가진 입자들이라는 주장이 각광을 받기 시작했다.

1923년 프랑스의 드브로이는 빛이 파동과 입자의 성질을 모두 가지고 있다는 '빛의 이중성'을 주장했다. 그의 주장에 의하면 빛은 어떨 때는 파동처럼 해석되어야하고 어떨 때는 입자처럼 해석되어야 한다.

ANSWER

16 드브로이

드브로이는 빛 뿐만 아니라 모든 물질은 입자와 파동의 성질을 모두 가진다는 '물질의 이중성'을 주장했다. 즉. 명백하게 입자로 보이는 것도 사실은 파동의 성질을 지니는 데 이렇게 입자로 보이는 어떤 물질이 파동처럼 해석될 때 그 파동을 '물질파'라고 부른다.

드브로이는 물질에 대한 물질파 파장은

$$(\text{파장}) = \frac{(\text{플랑크상수})}{(\text{질량} \times \text{속도})}$$

가 된다는 것을 알아냈다.

QUIZ 17

드브로이의 이중성에 의하면 지구의 운동, 투수가 던진 야구공이나, 달리는 자동차도 파동처럼 해석될 수 있다. 그런데 지구나 야구공이나 자동차가 파동처럼 행동한다는 것을 우리가 잘 느낄 수 없는 이유는 무엇인가?

해설 예를 들어 지구의 운동에 대해 생각해보자. 지구가 태양주위를 도는 속도는 초속 30000미터이고 지구의 질량은 $6\times10^{24}$ 킬로그램이다. 그러므로 지구에 대한 물질파 파장은

$$(파장)=3.7\times10^{-61}(센티미터)$$

가 된다. 이렇게 작은 파장은 관측될 수 없으므로 지구의 공전이 파동처럼 느껴지지 않는 것이다.

QUIZ 18

**전자가 입자이면서 동시에 파동이라는 것을 실험적으로 증명해 드브로이의 '물질의 이중성'을 입증한 사람은?**

해설 플랑크 상수가 너무 작은 수이므로 관측 가능할 정도로 적당히 큰 물질파 파장을 얻으려면 물질의 질량과 속도가 작아야 한다. 1927년 데이비슨과 저머는 1볼트의 전압을 걸었을 때 전자의 속도가 초속 $6\times10^{5}$미터라는 사실로부터 질량이 약 $10^{-30}$ 킬로그램인 전자에 대해 물질파 파장을 계산했더니 파장이 $10^{-7}$센티미터였다. 이 정도의 파장은 관측이 가능하다는 것을 안 두 사람은 높은 전압에 의해 가속된 전자를 금속판에 충돌시켜 이때 튀어나온 전자들이 빛처럼 간섭무늬를 만든다는 것을 알아냈다. 이것은 전자가 입자이면서 동시에 파동이라는 결정적인 증거이다.

ANSWER

18 데이비슨과 저머

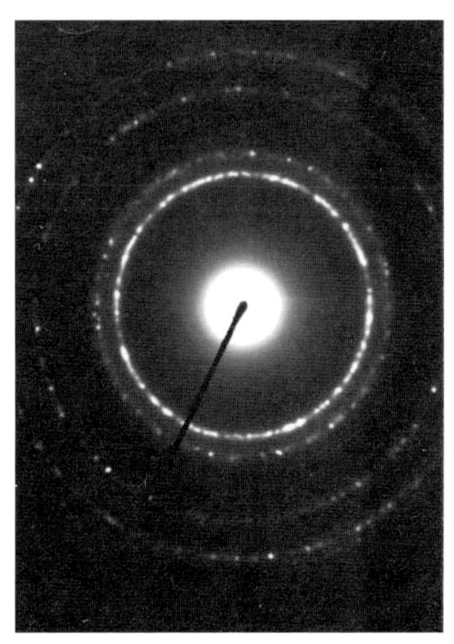

QUIZ 19

독일의 하이젠베르그는 전자의 위치와 속도 둘 다를 정확하게 측정할 수 없다는 이 원리를 발표했다. 이 원리는 무엇인가?

해설 드브로이의 물질파이론에 의해 모든 물질은 파동이면서 입자이다. 이로써 완전한 입자로 여겨지던 전자를 파동으로 다룰 수 있게 되었다. 그런데 전자를 파동으로 생각하면 이해가 되지 않는 점이 나타난다.

ANSWER

19 불확정성원리

입자는 공간속에서 유한한 영역을 차지하지만 파동은 공간속에 무한히 펼쳐져 있다. 그렇다면 전자는 어디에 있다고 생각해야 할까? 이 의문은 1927년 독일의 하이젠베르그가 불확정성원리를 도입함으로써 해결되었다.

불확정성의 원리에 의하면 전자의 위치와 속도를 동시에 정확하게 측정할 수 없다. 전자의 질량과 속도의 곱을 운동량이라고 부르는데 불확정성의 원리를 다시 말하면 전자의 위치와 운동량은 동시에 정확하게 측정할 수 없다고 말할 수 있다.

이것은 전자의 속도를 정확하게 측정하면 전자의 위치를 결정할 수 없고 반대로 전자의 위치를 정확하게 측정하면 전자의 속도를 결정할 수 없다는 뜻이다.

하이젠베르그는 이 내용을 다음과 같은 식으로 나타냈다.

$$(\text{위치의 오차})\times(\text{속도의 오차})=\frac{(\text{플랑크상수})}{(\text{질량})}$$

불확정성원리는 위치의 오차와 속도의 오차가 반비례한다는 것을 뜻한다. 만일 위치를 정확하게 측정할 수 있다면 위치의 오차는 0이 되는데 이 경우 속도의 오차는 무한대가 되어 속도는 결정할 수 없게 된다.

QUIZ 20

돌멩이가 떨어지는 운동이나 지구가 공전하는 운동과 같은 거시적인 세계의 운동에서는 불확정성원리를 거의 느낄 수 없는 이유는 무엇인가?

해설 거시적인 세계에서 운동하는 물체의 질량이 크기 때문이다. 예를 들어 물체의 질량이 6킬로그램이라고 하면 불확정성원리는 다음과 같이 된다.

$$(\text{위치의 오차})\times(\text{속도의 오차})=10^{-34}$$

그러므로 위치의 오차와 속도의 오차를 각각 $10^{-17}$정도를 택할 수 있는데 이렇게 작은 오차는 거의 0이라고 볼 수 있다. 하지만 전자의 경우는 질량이 약 $10^{-30}$킬로그램이므로

$$(\text{위치의 오차})\times(\text{속도의 오차})=6\times10^{-4}$$

이 된다. 전자는 원자 속에 있는 데 원자의 크기는 원자에 따라 다르지만 가장 작은 원자의 경우 $10^{-10}$미터 정도이므로 이 경우 위치의 오차와 속도의 오차를 0으로 간주할 수 없다. 즉 전자의 경우는 불확정성원리를 고려해야한다.

QUIZ 21

양자역학의 방정식은 누가 만들었는가?

해설 슈뢰딩거는 1887년 오스트리아의 빈에서 태어났다. 그는 11살까지 집에서 교육을 받았다. 그는 어릴 때부터 아버지가 사준 현미경으로 작은 세계를 관찰했다.

ANSWER

21 슈뢰딩거

그는 1910년 빈 대학에서 박사학위를 받았다. 일차 세계 대전 때 그는 포병으로 전쟁에 참가했다. 1938년 독일의 오스트리아 합병 때 슈뢰딩거는 이탈리아를 거쳐 미국으로 피신했고 1956년에 오스트리아의 빈 대핵으로 돌아왔다.

슈뢰딩거는 미분방정식이라는 수학을 이용해 불확정성원리를 따르는 전자가 만족하는 방정식을 만들었는데 이 방정식을 슈뢰딩거 방정식이라고 부른다. 이 방정식을 풀면 시간과 위치의 함수인 파동함수가 결정된다. 그 후 보른은 파동함수를 통해 어떤 위치에서 어떤 시간에 전자를 발견할 확률을 결정할 수 있다는 것을 알아냈다. 이렇게 슈뢰딩거방정식을 이용한 역학체계를 양자역학이라고 부른다.

QUIZ 22

원자에 균일한 자기장을 걸어주면 전자가 가지고 있는 에너지가 달라진다는 것을 처음 알아낸 사람은 누구인가?

ANSWER

22 제만

QUIZ **23**

방사선에는 알파방사선, 베타 방사선, 감마 방사선의 세 종류가 있다. 알파방사선은 양의 전기를 띤 알파입자의 흐름이고 베타방사선은 음의 전기를 띤 베타입자의 흐름, 감마 방사선은 전기를 띠지 않는 광자의 흐름이다. 알파 입자는 헬륨의 원자핵으로 알려져 있다. 그렇다면 베타입자는 어떤 입자인가?

해설 베타입자는 원자핵에서 빠르게 튀어나오는 전자를 말한다.

QUIZ **24**

전기를 띤 입자를 발견하는 최초의 검출기는 누가 발명했나?

해설 1910년 가이거는 전기를 띤 입자를 발견하는 가이거 계수기를 발명했다. 전기를 띤 입자가 가이거 계수기의 관속을 지나가면서 관속의 기체 원자들과 충돌하여 전자를 방출하고 이들 전자들이 관속의 전선에 도착한다. 전기를 띤 전자들이 전선에 도달해 움직이면 전류가 흐르는데 아주 많은 전자들이 도착하면 그 결과 전류가 증폭되어 계수기에서 찰카닥 하는 소리가 난다.

ANSWER

24 가이거

이때 소리가 한 번 나면 입자 한 개가 검출되었다는 뜻이다. 가이거 계수기는 방사능 물질에서 방출되는 알파입자나 베타입자를 검출하는데도 사용된다.

QUIZ 25

1911년 영국 캐번디시 연구소의 윌슨은 과포화수증기를 채운 상자 속을 양성자나 알파입자나 베타입자처럼 전기를 띤 입자가 지나가면 그 입자가 지나간 궤적을 볼 수 있는 검출기를 고안했다. 이 검출기의 이름은 무엇인가?

해설

ANSWER

25 안개상자

전기를 띤 입자가 상자속으로 들어가면 입자와 공기분자의 충돌로 공기중의 산소와 질소의 전자가 방출되어 이들 원자들은 이온화되고 이온화된 원자의 흔적이 안개처럼 발생하기 때문에 안개상자라고 불리워졌다. 이때 입자의 속도가 빠르면 공기분자와의 충돌 횟수가 줄어들어 이온화된 원자의 흔적(안개)가 적게 생겨 가느다란 궤적을 만들고 반대로 입자의 속도가 느리면 굵은 궤적을 만든다. 1960년 미국의 글레이져는 안개상자를 개량한 수소거품 상자를 만들었다. 그는 과포화수증기 대신 과포화 액체 수소를 사용했다.

QUIZ 26

우주 공간에서 오는 에너지가 큰 방사선을 무엇이라고 부르는가?

해설 1912년 오스트리아의 헤스는 12년 동안 이온화검출기를 실은 수소기구를 타고 500미터 상공에서 입자들에 의해 검출기가 이온화되는 것을 알아냈다. 그는 검출기의 이온화가 높이 올라갈수록 더 많이 일어나므로 이 입자들은 지구의 방사능과는 관계가 없고 낮과 밤에 이온화가 일어나는 비율이 똑같으므로 태양에서 온 것이 아니라는 것을 알아냈다. 헤스는 이 전기를 띤 입자들이 우주 공간으로부터 오는 에너지가 큰 입자임을 밝혀내고 그것을 우주선이라고 이름을 붙였다. 1936년 지구 대기층의 맨 윗부분과 충돌하는 우주선의 대부분은 높은 에너지를 가진 양성자들임이 밝혀졌다.

ANSWER

26 우주선(cosmic ray)

QUIZ 27

영국의 디랙은 특수상대성 이론과 양자역학에 접목시켰다. 그랬더니 전자와 질량은 같고 전기량은 반대인 입자가 존재해야했다. 디랙이 발견한 이 입자는 음의 운동에너지를 갖는데 이 입자는 무엇인가?

해설 슈뢰딩거의 방정식은 뉴턴의 물리학의 양자역학적인 버전이다. 1928년 디랙은 누구도 생각할 수 없는 기묘한 방정식을 제시했다. 그 방정식은 디랙방정식이라고 부르는데 아인슈타인의 특수상대성이론을 양자역학에 접목시킨 식이다.

ANSWER

27 양전자

디랙방정식을 풀면 전자와 반대의 전기량을 갖고 질량은 같은 입자가 나타난다. 디랙은 이 입자가 양의 전기를 가지고 있으므로 양전자(positron)라고 불렀다.

아인슈타인의 특수상대성 원리에 따르면 정지 질량이 $m$인 물체의 운동에너지는 $E = mc^2$으로 주어진다. 여기서 $c$는 빛의 속도이다.

디랙은 전자와 양전자는 질량은 같지만 두 입자들이 전기량이 반대이므로 전자가 $E = mc^2$의 운동에너지를 가진다면 양전자는 $E = -mc^2$의 에너지를 가져야한다. 즉 양전자는 음의 에너지를 가진다.

QUIZ 28

양전자에 양의 에너지를 가해주면 양전자의 속도는 빨라질까? 느려질까?

해설 양의 운동에너지를 가지고 있는 전자는 양의 에너지를 얻으면 운동에너지가 증가해 속도가 빨라지지만 양전자는 음의 운동에너지를 가지고 있기 때문에 양의 에너지를 얻으면 운동에너지의 크기가 작아져서 속도가 느려진다.

QUIZ 29

양전자와 전자가 충돌하면 어떻게 되는가?

해설 양전자와 전자가 충돌하면 빛(감마선)이 되어 사라진다. 반대로 빛(감마선)으로부터 양전자와 전자의 쌍이 만들어진다. 이것을 물질을 쌍소멸과 쌍생성이라고 부른다.

QUIZ 30

양전자를 발견한 사람은 누구인가?

해설 1932년 미국의 앤더슨은 안개상자에 자기장을 걸어 우주선을 연구하다가 이상한 사진 한 장을 발견했다.

ANSWER

28 느려진다 30 앤더슨

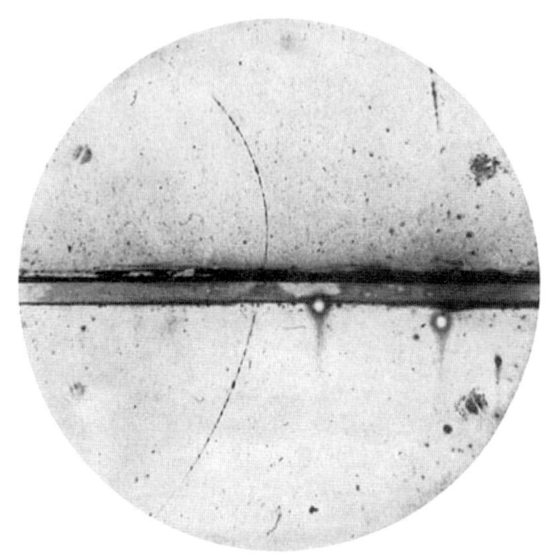

이 사진에서는 한 점에서 출발해 서로 반대방향으로 휘어지는 두 개의 궤적이 발견되었다. 전기를 띤 두 입자가 자기장 속에서 서로 반대 방향으로 휜다는 것은 입자의 전기가 반대라는 것을 의미한다. 이중 하나는 전자의 궤적이므로 다른 하나의 궤적은 양의 전기를 띤 입자의 궤적이다. 앤더슨 두 궤적의 곡률이 같다는 것으로부터 두 입자의 질량이 같다는 것을 알아냈다. 따라서 양의 전기를 띤 입자의 궤적은 바로 양전자의 궤적이었다.

QUIZ 31

양전자는 전자의 반입자라고 부른다. 그렇다면 양성자의 반입자는 무엇이라고 부르는가?

해설 양성자의 반입자는 반양성자로서 양성자와 질량은 같고 음의 전기를 띠고 있다. 1953년 미국에서는 반양성자를 발견하기 위해 두 개의 양성자 가속기가 건설되었다. 뉴욕 근처의 브룩 헤이븐 연구소의 23억 전자볼트 에너지를 갖는 코스모트론과 캘리포니아 대학의 62억 전자볼트의 에너지를 갖는 베바트론이었다. 1955년 10월 캘리포니아 대학의 세그레와 체임벌린은 베바트론을 통해 반양성자를 발견했다.

QUIZ 32

원자핵을 이루는 입자를 핵자라고 부른다. 핵자에는 양의 전기를 띤 양성자와 전기를 띠지 않은 이것이 있다. 이것은 양성자와 거의 질량이 비슷한 입자로 채드윅이 발견했다. 이 입자의 이름은?

QUIZ 33

원소가 알파방사선을 방출하고 다른 바뀌는 것을 알파붕괴라고 한다. 알파 붕괴 과정을 양자역학적으로 설명한 사람은 누구인가?

ANSWER

32 중성자 33 가모프

해설 1928년 러시아의 레닌그라드 대학을 갓 졸업한 가모프는 두 달간 독일 괴팅겐 대학에 머물렀다. 그는 알파방사선이 왜 방출되는가에 대해 고민했다. 알파방사선은 알파입자의 흐름이고 알파입자는 양의 전기를 띤 헬륨의 원자핵이다. 그는 알파입자가 원자핵 안에서 튀어 나오므로 반대로 생각하면 양의 전기를 띤 알파입자가 원자핵 안에 있어야한다. 가모프는 양자역학의 불확정성원리로부터 애초부터 알파입자가 핵 안에 있을지 핵 밖에 있을지 결정할 수 없다는 사실로부터 알파입자가 핵으로부터 방출되는 것을 설명했다.
알파붕괴는 핵자의 수가 210개 이상인 원자에서 주로 일어나는데 이들 원자들은 핵자의 수가 너무 많아 핵자의 수를 줄여 안정된 핵이 되려고 하는 성질 때문에 발생하는 것이다.

QUIZ 34

베타 붕괴 과정이란 무엇인가?

해설 베타 방사선을 방출하면 원자번호가 하나 증가한 원자로 바뀌게 되는 데 이것을 베타 붕괴라고 부른다.

QUIZ 35

베타붕괴과정에서 전자와 더불어 방출되는 전기를 띠지 않은 질량이 거의 0에 가까운 입자를 무엇이라고 부르는가?

ANSWER

35 뉴트리노

해설 1927년 엘리스는 원자핵에서 베타방사선이 방출될 때 방출되는 전자의 에너지가 일정하지 않다는 것을 알아냈다. 엘리스는 우스터와 함께 라듐이 베타방사선을 방출할 때 튀어 나오는 전자들의 에너지가 0부터 1.23메가 전자 볼트까지 연속적인 분포를 하고 있음을 알아냈다. 그들은 베타방사선이 원자핵에서 방출될 때는 일정한 에너지인 1.23메가 전자 볼트를 갖지만 측정장치까지 도달하는 과정에서 공기와 충돌로 에너지를 잃어버렸기 때문이 아닐까 생각했다.

엘리스와 우스터는 베타붕괴하는 라듐을 열량계에 놓고 베타붕괴가 있은 후 발생한 열량을 측정했다. 만일 그들의 가설이 맞다면 공기와의 충돌에 의해 생긴 열량을 합치면 1.23메가 전자 볼트가 되어야하지만 결과는 여전히 0부터 1.23메가 전자 볼트 사이의 값이었다. 이것은 베타입자가 방출할 때부터 일정한 에너지를 가진 것이 아니라 0부터 1.23메가 전자 볼트 사이의 불규칙한 값을 가진다는 것을 의미한다.

이 문제에 대해 1929년 보어는 원자핵 속에서는 에너지 보존법칙이 깨질 수 있다는 궁여지책을 내놓았다. 1931년 스위스의 파울리는 보어의 생각과는 달리 베타 붕괴 과정에서 미지의 입자가 방출되고 이 입자의 에너지가 일정치 않다면 에너지 보존법칙을 만족시키면서 베타붕괴 과정을 설명할 수 있다고 주장했다. 파울리가 예언한 전기가 없고 질량이 거의 0에 가까운 입자는 뉴트리노로 명명되었다.

## QUIZ 36

약력을 발견한 사람은?

해설 페르미는 베타붕괴 때 원자핵 속의 중성자가 양성자로 바뀐다는 것을 알아냈다.

중성자→양성자+전자(베타입자)+반뉴트리노

여기서 반뉴트리노는 뉴트리노의 반입자이다.
페르미는 베타붕괴와 반대로 양성자가 중성자로 바뀔 수 있는데 이것을 역베타붕괴라고 부른다.

양성자→중성자+양전자+뉴트리노

페르미는 베타붕괴과정을 수학적으로 연구하던 중 이 과정에서 작용하는 힘이 중력과 전자기력과는 다른 종류의 힘이라는 사실을 알아냈다. 이 힘은 전자기력보다는 약한 힘이므로 약력이라고 불렀다.

## QUIZ 37

뉴트리노를 발견한 사람은?

해설 원자로 속에는 어마어마하게 많은 중성자가 있다. 중성자는 15분 만에 베타 붕괴해 양성자로 변하면서 전자와 반뉴트리노를 방출한다. 원자로는 두꺼운 납 차폐물로 둘러 싸여 있으므로 베타방사선은 외부로 새어 나가지 않는다. 그러나 질량이 거의 0

ANSWER
36 페르미 37 레인즈와 코완

이고 전기적으로 중성인 뉴트리노나 반뉴트리노의 경우는 예외이다. 뉴트리노나 반뉴트리노는 다른 물질과 상호작용을 거의 하지 않으므로 두꺼운 납 차폐물을 그대로 통과한다.

레인즈와 코완은 이 방법으로 뉴트리노를 찾기로 했다. 계산에 의하면 매초 10억의 10억 개의 반뉴트리노가 방출된다는 것이 알려져 있었다. 두 사람은 카드뮴이 가득 들어 있는 물을 가득 채운 커다란 수조를 준비했다. 그들은 수조속으로 뛰어 드는 반뉴트리노가 물속의 양성자를 중성자로 바뀌게 하면서 이때 나오는 양전자가 그 즉시 전자와 충돌해 빛(감마선)으로 변한다. 그 빛(감마선)을 검출하면 그것은 반뉴트리노를 발견한 셈이 된다. 두 사람은 한 시간에 세 번 정도 빛(감마선)이 발생하는 것을 보았다. 즉 두 사람은 파울리가 예언한 새로운 입자인 뉴트리노를 발견한 것이다.

QUIZ 38

1932년 영국 캐번디시 연구소의 코크크로프트와 월튼은 빠르게 날아오는 양성자를 리튬에 충돌시키면 리튬의 원자핵이 이 원소의 원자핵 두 개로 쪼개진다는 것을 알아냈다. 이 원소는 무엇인가?

해설 리튬의 원자핵은 양성자 세 개로 이루어져 있는데 양성자 하나가 더 달라붙었다가 양성자 두 개의 이루어진 헬륨의 원자핵 두 개로 쪼개진다. 이 반응은 최초의 핵분열 반응이다.

ANSWER

38 헬륨

QUIZ 39

방사능을 가진 우라늄을 중성자로 때리면 우라늄 원자핵이 바륨과 크립톤 핵으로 분열되면서 중성자가 두 개 튀어나오는 반응을 한다. 이 반응에서 에너지가 발생한다. 이렇게 튀어나온 중성자들이 다시 우라늄의 원자핵 두 개를 다시 핵분열 시키면서 핵분열이 연쇄적으로 일어나면서 어마어마한 에너지가 발생한다. 이것을 연쇄핵분열이라고 부르는데 이 실험을 처음 성공한 과학자 세 사람은 누구인가?

QUIZ 40

연쇄핵분열을 이용한 폭탄을 무엇이라고 부르는가?

해설 방사능을 가진 우라늄이나 플루토늄을 중성자로 충돌시키면 연쇄핵분열이 일어나면서 엄청난 에너지가 발생한다. 우라늄 1그램이 연쇄핵분열이 일어났을 때 발생하는 에너지는 탄소 2.5톤을 동시에 태웠을 때 발생하는 에너지와 같다.

ANSWER

39 오토 한, 마이트너, 슈트라스만 40 원자폭탄

QUIZ 41

원자폭탄은 제2차 세계대전에서 두 개가 일본에 투하되었다. 히로시마에 투하된 원자폭탄은 우라늄을 이용한 것이다. 그렇다면 나가사키에 투하된 원자폭탄은 어떤 원소를 이용했는가?

해설 1945년 8월 6일 리틀보이라고 부르는 우라늄을 이용한 원자폭탄이 히로시마에 떨어져 전체의 3분의 2를 폐허로 만들고 35만명중 14만명이 죽었다. 같은 해 8월 9일에는 플루토늄을 이용한 원자폭탄이 나가사키에 떨어져 27만명 중 7만명이 죽었다.

QUIZ 42

원자핵안에는 양의 전기를 띤 양성자와 전기를 띠지 않은 중성자가 살고 있다. 같은 부호의 전기를 띤 양성자들끼리 밀쳐내지 않고 작은 원자핵속에 살 수 있는 것은 이들 핵자들 사이에 전기력 보다 더 큰 힘이 작용하기 때문인데 이 힘을 핵력 또는 강력이라고 부른다. 이 힘의 존재를 처음 예언해 일본인 최초로 노벨 물리학상을 수상한 이 사람의 이름은?

ANSWER

41 플루토늄 42 유가와

해설 1932년 하이젠베르크가 핵자들 사이의 힘에 대해 고민했다. 그는 힘이 두 물체 사이의 상호작용이므로 두 명의 아이가 공을 던지고 받고 하는 캐치볼처럼 힘은 물체 사이에 어떤 입자를 주고 받는 과정이라고 생각했는데 이것이 하이젠베르크의 캐치볼 메커니즘이다.

1934년 일본의 유가와는 하이젠베르크의 캐치볼 메커니즘에 깊은 관심을 보였다. 유가와는 캐치볼 입자가 가벼우면 힘이 멀리까지 전달되고 무거우면 가까운 곳에만 전달될 수 있다고 생각했다. 유가와는 핵력은 원자핵이라는 아주 작은 곳에서 작용하므로 비교적 무거운 캐치볼 입자가 핵안에 존재해야한다고 생각해 불확정성원리를 이용해 이 입자의 질량을 계산했다. 그 결과 핵자들을 결합시키는 이 입자의 질량은 전자의 질량의 약 200배 무겁다는 것을 알아냈다. 유가와는 이 입자를 중간자라로 불렀다.

QUIZ 43

1937년 앤더슨과 네더마이어는 미국 콜로라도주 파이크스 파크 산 밑의 해수면에 설치된 안개상자에서 우주선에서 만들어진 질량이 전자의 207배 정도인 새로운 입자를 발견했다. 1943년 이탈리아의 로시는 이 입자는 수명이 0.000002초로 아주 짧아 전자나 양전자로 바뀌게 되는 것을 알아냈다. 이 입자의 이름은?

ANSWER

43 뮤온

## QUIZ 44

**중간자를 발견한 사람은 누구인가?**

해설 1947년 영국의 포웰과 오키알리니는 프랑스의 스페인의 국경에 있는 피두미디 연구소에서 우주선을 관측했다. 이 연구소는 해발 삼백 미터 높이에 있었는데 이 곳의 우주선의 세기는 해수면보다 열 배나 더 강했다. 이 연구소에서 두 사람은 전자의 질량의 274배인 전기를 띤 입자를 발견하고 이 입자의 이름은 파이온이라고 불렀는데 이것이 바로 유가와가 예언한 중간자였다.

## QUIZ 45

**파이온은 뮤온과 새로운 뉴트리노로 붕괴되는데 이때 생기는 뉴트리노는 베타 붕괴에서 생기는 뉴트리노와 달라서 뮤온 뉴트리노라고 부른다. 뮤온 뉴트리노를 발견한 사람은?**

해설 1961년 레더만과 슈타인버거와 슈바르츠는 브룩헤이븐 가속기를 이용해 만오천 메가 전자볼트의 에너지로 가속된 양성자를 베릴륨에 충돌시켜 뮤온 뉴트리노를 발견했다. 그들은 8개월 동안 56개의 뮤온 뉴트리노를 발견해 이 업적으로 노벨 물리학상을 받았다.

ANSWER

44 포웰과 오키알리니 45 레더만과 슈타인버거와 슈바르츠

QUIZ 46

강한 자기장속에서 전기를 띤 입자는 가속이 되는 성질을 이용해 입자를 가속시키는 장치를 입자가속기라고 부른다. 입자가속기를 통해 가속된 입자를 다른 입자와 충돌시키면 새로운 입자를 발견하기도 하고 입자들의 구조를 밝힐 수도 있다. 입자가속기를 발명한 사람은?

해설 1903년 레나드는 전자를 수십만 볼트의 에너지로 가속시키는 장치를 발명했고 1931년 반데그라프는 전자의 에너지를 1.5메가 전자볼트까지 올렸고, 코크크로프트와 월튼은 양성자를 770킬로 전자볼트까지 올릴 수 있는 가속장치를 만들었다. 하지만 이런 장치들은 자기장을 이용한 가속기는 아니다.

1930년 미국 버클리 대학의 로렌스와 리빙스턴은 양성자를 강한 자석 속에서 천 번 이상 회전시켜 1.2메가 전자볼트까지 가속 시킬 수 있는 원형가속기(사이클로트론)를 발명했다. 그들의 원리는 구심력이 자기력과 같다는 성질을 이용한 것이었다.

$$\text{구심력} = \frac{\text{입자질량} \times (\text{속력})^2}{\text{반지름}}$$

이고, 자기력은

$$\text{자기력} = (\text{전하량}) \times (\text{속력}) \times (\text{자기장의 세기})$$

이므로 두 식을 같게 놓으면 입자의 속력은 자기장의 세기와 원형가속기의 반지름에 비례하게 된다. 이때 입자가 원을 한 바퀴 도는데 걸리는 시간을 주기라고 하는 데

ANSWER

46 로렌스와 리빙스턴

$$주기 = \frac{2 \times \pi \times 반지름}{속력}$$

이 되어 주기는 자기장에 반비례한다. 이때 자기장을 변화시켜 주기를 일정하게 한 입자가속기를 싱크로트론이라고 부른다.

QUIZ 47

최초의 싱크로트론은 무엇인가?

해설 최초의 싱크로트론은 1952년 미국의 브룩헤이븐에 생긴 코스모트론으로 양성자를 3기가 전자볼트까지 가속시킬 수 있었다. 1기가 전자볼트는 1메가 전자볼트의 1000배이다.

〈코스모트론〉

ANSWER

47 코스모트론

코스모트론에서는 카파입자, 람다입자, 시그마입자와 같은 새로운 입자가 발견되었다.

2년뒤 버클리 대학에는 베바트론이라는 싱크로트론이 만들어졌다. 베바트론은 양성자를 6.4 기가 전자볼트까지 가속시킬 수 있었다. 베바트론에서는 반양성자가 발견되었다.

1961년에는 양성자를 33기가 전자볼트까지 가속시킬 수 있는 양성자 싱크로트론이 발명되어 J/ψ입자를 발견했고 1972년 페르미 연구소에는 에너지를 500기가 전자볼트까지 가속할 수 있는 가속기가 만들어졌으며 1984년에는 페르미 연구소에 1테라 전자볼트까지 올릴 수 있는 테바트론이 만들어졌다. 1테라 전자볼트는 1기가 전자 볼트의 천 배이다.

QUIZ 48

**원형가속기와 달리 여러 개의 가속 전극을 일렬로 놓아 전기를 띤 입자가 전극을 지나갈 때 점점 높은 전압을 걸어 입자를 가속시키는 가속기를 무엇이라고 부르는가?**

해설 최초의 선형가속기는 미국 스탠퍼드 대학에 세워졌다. 이 선형가속기는 SLAC이라고 부르는데 전자를 22기가 전자볼트까지 가속시킬 수 있었다. 이 가속기로 발견된 유명한 소립자로는 J/ψ입자와 타우 입자가 있다.

ANSWER

48 선형가속기

QUIZ 49

전자, 뮤온, 뉴트리노와 같이 가벼운 입자를 총칭하여 무엇이라고 부르는가?

해설 전자, 뮤온, 뉴트리노와 같이 가벼운 입자를 렙톤(경입자)라고 부르고 반대로 양성자, 중성자처럼 무거운 입자를 바리온(중입자)라고 부른다. 또한 렙톤과 바리온 사이의 질량을 갖는 입자를 메존(중간자)라고 부른다.

이들 중 바리온과 메존은 강력(핵력)과 관계되기 때문에 강입자(하드론)이라고 부른다.

ANSWER

49 렙톤 또는 경입자

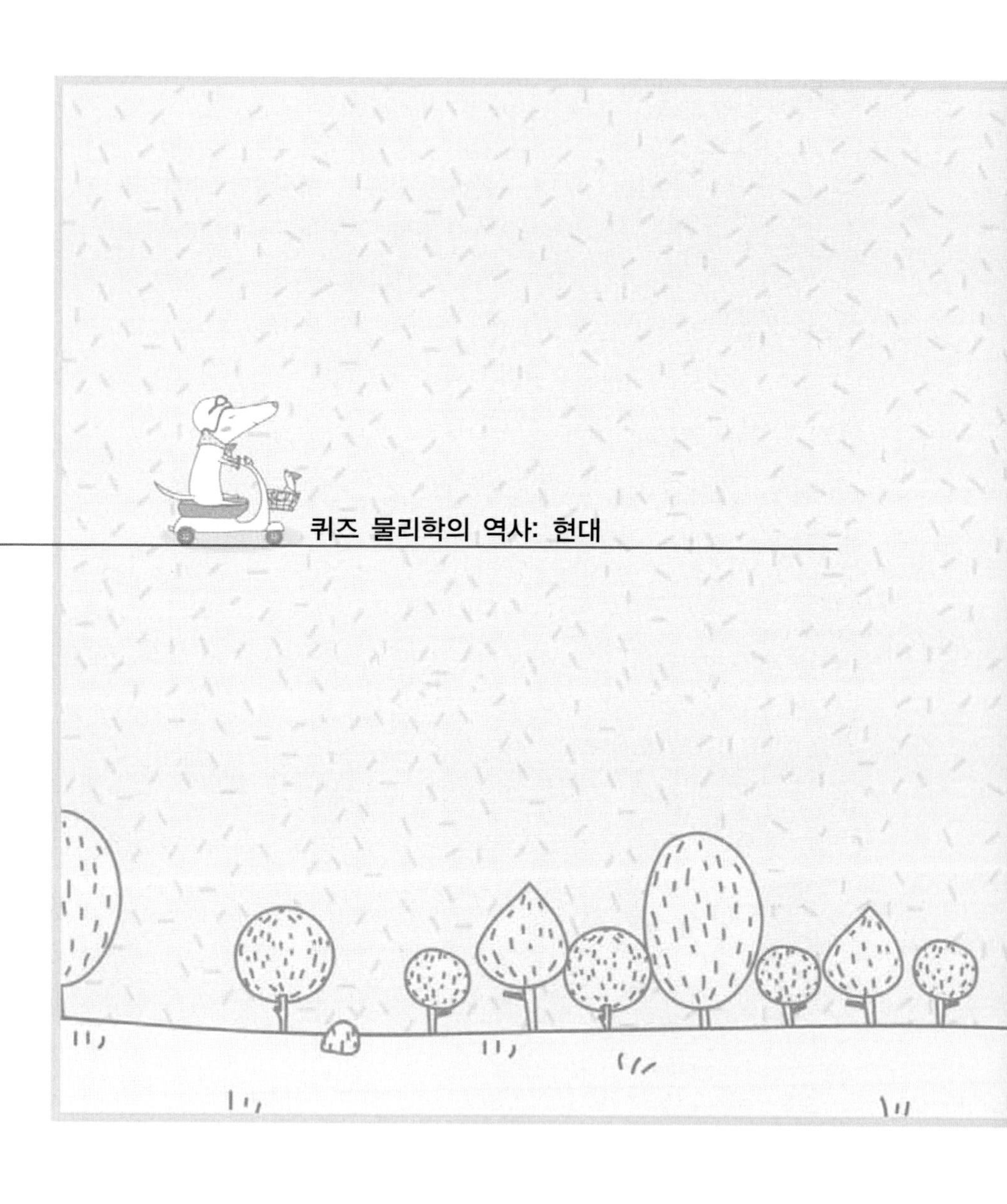

# 퀴즈 물리학의 역사: 현대

# 응용물리와 고체물리의 역사

QUIZ 01

하늘이 푸른색을 띠는 이유를 이론적으로 처음 밝힌 사람은 누구인가?

해설 물리학자인 레일리는 대기 중에 소량의 미지의 기체가 있다는 것을 알아내고 이 원소의 이름을 아르곤이라고 불렀다. 레일리는 소리, 빛에 대한 연구를 많이 했다. 그는 1877년 『소리 이론』이라는 책을 썼고, 대기의 입자들에 의해 파랑 빛이 산란이 잘 일어나기 때문에 하늘이 파란 색을 띤다는 사실을 알아냈다.

QUIZ 02

기체 헬륨은 영하 269도에서 액체상태가 된다. 네덜란드의 이 과학자는 영하 269도의 액체 헬륨을 처음 만들었으며 이것을 이용해 금속 수은을 영하 269도로 차갑게 만들면 금속 수은의 전기저항이 거의 0이 된다는 사실을 알아냈다. 이 사람은 누구인가?

해설 오네스는 1853년 네덜란드 그로닝겐 가에서 태어났다. 1870년 그로닝겐 대학에 들어간 오네스는 증기의 밀도에 대해 처음 연구했고, 분젠과 키르히호프의 지도를 받았다. 1882년 오네스는 라이덴 대학의 교수가 되었다.

ANSWER

01 레일리(1842 ~ 1919) 02 오네스

1911년 오네스는 세계최초로 헬륨 기체를 액화하는데 성공했다. 그는 최초의 액체헬륨을 동료이자 친구인 반데르 발스에게 보여주었다. 이때부터 그의 별명은 극저온의 신사가 되었다. 그것은 헬륨이 액화되는 온도가 극저온이기 때문이었다.
그는 극저온의 액체 헬륨을 이용해 금속의 온도를 극저온으로 낮출 수 있었는데 이때 금속의 전기저항이 거의 0에 가까워진다는 것을 알아냈다. 이렇게 전기저항이 거의 0에 가까워지는 현상을 초전도 현상이라고 하고 초전도현상을 일으키는 물체를 초전도체라고 부른다. 이렇게 극저온에서 금속이 초전도체가 된 것을 저온 초전도체라고 부르는데 극저온을 만드는 데 비용이 너무 많이 들기 때문에 경제성을 떨어진다.

QUIZ 03

열팽창 계수가 작은 니켈 강철 합금을 연구하여 노벨 물리학상을 수상한 사람은?

해설 기욤은 1861년 스위스의 플뢰리에서 태어나 취리히 연방공과대학에서 전해질 축전기에 대한 이론으로 박사학위를 받았다. 1883년 기욤은 국제 도량형 위원회에 들어갔다. 그는 수은을 이용한 온도계를 연구하고 미터, 킬로그램, 리터의 국제표준에 대한 연구를 했다. 그는 1890년 표준막대로 사용되는 백금-이리듐 합금 막대를 대체할 값싼 물질을 찾던 중 니켈-강철 합금으로 표준 막대를 만들 수 있음을 알아냈다.

ANSWER

03 기욤

QUIZ 04

X선이 고체 결정에서 회절된다는 사실을 처음 관측해 1908년 노벨 물리학상을 받은 이 과학자는 누구인가?

해설 라우에는 1879년 독일에서 태어났다. 아버지가 군인이었기 때문에 라우에는 자주 이사를 다녔다. 라우에는 어릴 때부터 물리학에 관심이 많았고 베를린 대학에 진학해 막스 플랑크 교수에게 배웠다.

1895년 X선이 발견된 뒤 바클라는 X선이 파장이 자외선보다 짧은 빛이라는 것을 알아냈다. 라우에는 바클라의 연구결과에 자극을 받았다. 그는 X선이 가시광선보다 파장이 짧다면 이를 이용해 고체 결정의 회절 무늬를 볼 수 있을지도 모른다고 생각했다.

라우에는 작은 구멍을 통해 황산아연 결정에 X선 빔을 쪼이는 실험을 했다. 실험 결과 황산아연의 아름다운 결정 무늬가 관찰되었다. 라우에는 이 업적으로 1914년 노벨 물리학상을 수상했다.

QUIZ 05

부자가 같은 해에 노벨 물리학상을 받은 사람은?

ANSWER

04 라우에

05 윌리엄 로렌스 브래그와 그의 아버지 윌리엄 헨리 브래그(William Henry Bragg)

해설 라우에가 X선 회절 실험을 한 후 이듬해 윌리엄 로렌스 브래그와 그의 아버지 윌리엄 헨리 브래그(William Henry Bragg)는 X선을 이용해 결정의 분자 구조를 조사해 X선 결정학을 창시했다. 두 사람은 X선의 파장과 결정면에 투사되는 입사각이 어떤 특정한 관계를 만족할 때만 결정의 회절무늬가 만들어진다는 것을 알아냈는데 이 관계식을 브래그 관계식이라고 부른다. 브래그 부자는 이 업적으로 1915년 노벨 물리학상을 공동 수상했다. 브래그 부자는 염화나트륨의 결정 사진을 통해 염화나트륨 속에서  염소이온과 나트륨이온이 특정한 배열을 이루고 있다는 것을 알아냈다. 특히 윌리암 로렌스 브래그는 결정학이 생명과학에도 사용될 수 있음을 알아냈다. 그는 결정 사진을 이용하여 단백질의 구조를 밝히는데 큰 기여를 했다.

QUIZ 06

X선이 가시광선처럼 굴절된다는 것을 처음 알아내고 X선 분광학을 창시한 이 과학자는 누구인가?

해설 스웨덴의 물리학자 시그반은 1916년 X선을 방출하는 원자의 스펙트럼에서 새로운 파장 군을 발견했고 X선 파장을 정확히 측정할 수 있는 장치를 만들었다. 1917년 스웨덴 웁살라대학교 물리학교수가 된 시그반은 1924년 동료들과 함께 X선이 프리즘을 통과할 때 가시광선처럼 굴절된다는 사실을 알아냈다.

ANSWER

06 시그반((Karl) Manne (Georg) Siegbahn, 1886~1978)

그는 또한 다양한 파장의 X선을 연구했는데 자외선과 파장이 거의 비슷한 아주 약한 X선에 대해서도 연구했다. 그는 1937년 스톡홀름대학교 물리학교수가 되었고, 스웨덴 왕립 과학 아카데미가 세운 노벨 물리연구소 소장으로 임명되었다.

QUIZ 07

빛이 투명한 물질을 지나갈 때 파장이 달라진다는 사실을 발견한 공로로 1930년 노벨 물리학상을 받은 인도의 물리학자는 누구인가?

해설 라만은 1928년 빛의 산란을 연구하던 중 단일한 진동수를 가진 빛을 물질에 쪼이면 빛이 입사된 방향과 수직으로 어떤 진동수를 가진 빛이 나타난다는 것을 알아냈다. 이 진동수는 물질에 따라 달라지며 라만 진동수라고 부른다. 라만은 1929년 기사작위를 받고 1947년에는 라만 연구소의 초대 소장으로 임명되었다.

QUIZ 08

대기압의 십만배에 달하는 높은 압력을 만드는데 최초로 성공한 이 과학자는 누구인가?

ANSWER

07 라만(Sir Chandrasekhara Venkata Raman, 1888~1970)

08 브리지먼

해설 하버드 대학의 물리학과 교수인 브리지먼은 1905년 높은 압력 상태에서 물질의 성질을 조사하던 중 대기압의 십만배인 10기가 파스칼의 압력을 만들 수 있는 장치를 만들었다. 브리지먼은 이 업적으로 1946년 노벨물리학상을 받았다.

QUIZ 09

바딘, 브래튼, 쇼클리는 전기적 신호를 증폭하고 전달하는 반도체 장치인 이것을 발명했다. 진공관을 사라지게 한 이것은 무엇인가?

해설 반도체는 도체와 부도체의 중간 성질을 띤 물체이다. 도체와 부도체를 나누는 기준은 전기를 잘 흐르게 하는 정도이다. 간단히 말해 도체를 전기를 잘 흐르게 하는 물체이다. 대부분의 금속은 전류를 잘 흐르게 하기 때문에 금속은 도체이고 반대로 유리나 돌이나 나무와 같은 화합물은 전류를 잘 흐르지 못하게 하므로 부도체라고 한다.

금속은 자유전자들이 많이 있다. 자유전자는 원자핵에 붙잡혀 있지 않고 언제든지 도망치고 싶어 하는 전자를 말한다. 이러한 자유전자들은 금속의 표면에 모여 있으므로 금속에 전류를 흘려 보내주면 수많은 자유전자들이 금속 표면을 따라 움직이면서 전류가 잘 흐르게 된다. 그래서 전류를 전달하는 전선은 구리와 같은 금속선으로 만든다.

ANSWER

09 트랜지스터

금속에 자유전자가 많이 생기는 이유는 금속원자의 마지막 궤도에는 전자가 하나 또는 두 개 정도이기 때문이다. 일반적으로 궤도에 8개의 전자가 있으면 안정적이 되는 데 이렇게 궤도에 전자가 하나 또는 두 개 정도라면 이들 전자들은 원자핵의 영향권에서 벗어나 자유로워지기 때문에 자유전자라고 부른다.

반대로 유리와 같은 부도체 속에는 자유전자들이 별로 없으므로 대부분의 전자들이 원자핵에 붙잡혀 그 주위를 빙글 빙글 돌고 있다. 이런 전자들은 전류를 잘 흐르게 하기는 커녕 오히려 전류의 흐름을 방해하는 역할을 하므로 부도체로 전선을 만들면 전류가 잘 흐르지 않는다.

반도체는 전류를 잘 흐르게 할까? 아니면 잘 흐르지 않게 할까? 반도체는 평상시에는 부도체이지만 열을 가하거나 불순물을 넣어주면 도체가 되는 성질이 있는 물체이다. 실리콘이나 게르마늄 이 대표적인 반도체이다. 실리콘이나 게르마늄은 원소들은 가장 마지막 궤도에 전자가 네 개 있다. 평상시 이런 물체는 전류를 흐르게 하지 않는다. 하나의 궤도에 전자가 여덟 개가 있어야 안정적인데 그 절반인 네 개의 전자가 있으면 금속처럼 전자가 원자핵으로부터 도망쳐 자유로워지지 않기 때문이기 때문이다.

실리콘이나 게르마늄에 전자의 개수가 5개인 인이나 비소나 안티몬을 불순물로 첨가하면 전자가 모두 9개 되는 데 그 중 여덟 개는 안정적인 궤도를 이루고 남은 하나는 자유전자가 된다. 이렇게 생긴 자유전자들이 전류를 잘 흐르게 하여 도체의 성질을 띠게 된다. 이처럼 실리콘이나 게르마늄에 불순물을 첨가해 만든 반도체를 불순물 반도체라고 한다.

바딘, 브래튼, 쇼클리는 불순물 반도체가 전류를 한 쪽으로만 흐르게 하는 정류작용을 하거나 전기적 신호를 증폭하는 역할을 한다는 것을 알아냈다. 세 사람을 불순물 반도체를 이용해 정류작용과 증폭작용을 일으키는 소자를 발명했는데 그것이 바로 트랜지스터이다. 트랜지스터는 처음 장거리 전화의 자동화에 사용되었고 뒤에는 인공위성과 로켓의 위성 송신기 등에 사용되었다.

QUIZ 10

**최초로 노벨 물리학상을 두 번 수상한 사람은?**

해설 미국의 바딘은 트랜지스터의 발명과 초전도체의 이론으로 노벨 물리학상을 두 번 받았다.

바디는 1908년 미국 위스콘신 주의 매디슨에서 태어나 위스콘신 대학에서 전기공학을 전공했다. 그 후 그는 걸프 연구소에서 지구물리학을 3년 동안 공부한 후 프린스턴 대학에서 이론물리학을 공부했다. 이때 그는 노벨 물리학상 수상자인 위그너에게 고체물리를 배웠다.

박사학위를 받은 후 바딘은 벨 연구소에 들어가 고체 물리에 대한 연구를 했다. 1947년 그는 쇼클리, 브래튼과 공동으로 트랜지스터를 발명해 노벨 물리학상을 받고 그 후 초전도체의 이론에 관심을 가졌다.

ANSWER

10 바딘

초전도 현상은 오네스가 처음 발견했지만 왜 초전도 현상이 일어나는 지에 대해서는 알려지지 않았다. 1953년 바딘은 슈리에프, 쿠퍼와 함께 왜 극저온에서 금속의 초전도 현상이 나타나는 지를 밝혀 두번째 노벨 물리학상을 받았다.

〈반도체 집적회로〉

**QUIZ 11**

극저온에서 액체 헬륨을 컵에 담으면 헬륨이 컵 밖으로 흘러 넘쳤다가 다시 컵 안으로 들어가는 신기한 현상이 나타난다. 이 현상을 무엇이라고 부르는가?

해설 극저온 상태의 액체헬륨의 초유동에 대해서는 러시아의 카피차와 란다우가 알아냈다.

ANSWER

11 초유동

카피차는 1894년 러시아의 크론슈타트에서 태어났다. 그는 러시아 혁명이 일어나자 영국으로 이주해 케임브리지 대학의 캐번디시 연구소에서 일했다.
카피차의 동료인 란다우는 1908년 러시아의 바쿠에서 태어나 덴마크, 스위스, 독일, 뉴질랜드, 영국에서 공부하고 다시 러시아로 돌아와 카르코프 연구소에서 일했다.
두 사람은 1940년부터 1941년까지 극저온 물리학에 대한 연구를 했다. 두 사람은 영하 271도에서 액체 헬륨이 저절로 컵 벽을 타고 위로 올라가 컵 밖으로 나갔다가 다시 들어오는 신기한 현상을 발견했는데 이것은 액체 헬륨의 점도가 극도로 작아지기 때문에 일어나는 현상이라는 것을 알아냈다. 두 사람은 이런 현상을 초유동이라고 부르고 이런 성질을 가진 액체를 초유동 액체라고 불렀다.
1945년 란다우는 러시아 군대의 의뢰를 받아 충격파에 대한 연구를 수행했고 이듬해에는 플라즈마의 진동에 대한 논문을 발표했다.

QUIZ 12

**마이크로파를 암모니아 가스에 쪼이면 마이크로파가 증폭된다는 것을 처음 알아낸 과학자는 누구인가?**

ANSWER

12 타운즈

해설 마이크로파가 어떤 물질을 통해 증폭(진폭이 커지는 것)되는 것을 메이저(MASER: Microwave Amplification by Stimulated Emission of Radiation) 라고 부른다.

타운즈는 암모니아 가스에 마이크로파를 쪼이면 암모니아 가스를 통과한 마이크로파는 통과 전의 마이크로파보다 진폭이 커진다는 것을 알아내고 이것을 메이저라고 불렀다.

QUIZ 13

빛을 루비와 같은 어떤 물질 속으로 보내면 원래의 빛보다 증폭된 빛이 나온다. 이렇게 증폭된 빛을 무엇이라고 부르는가?

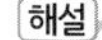

ANSWER

13 레이저(LASER: Light Amplification by Stimulated Emission of Radiation)

타운즈가 메이저를 발명한 후 1960년 마이먼은 루비를 통해 빛이 증폭될 수 있다는 것을 알아내고 최초의 레이저인 루비 레이저를 발명했다.

QUIZ 14

**고온초전도체를 발명한 사람은?**

해설 1986년 스위스의 IBM 연구소의 베드노르츠와 뮐러는 절연체로만 생각됐던 세라믹 합성물 La-Ba-Cu-O가 35K에서 초전도성질을 가짐을 발견하였고, 이에 따라 고온초전도 시대의 서막이 올랐다. 베드노르츠와 뮐러는 최초의 산화물 고온초전도체발견이라는 업적으로 1987년에 노벨물리학상을 수상하였다.

고온초전도 선재의 가장 큰 실용적인 장점은 일정온도 이하에서 구리도체와 같은 단면적에서 전기저항이 없이 수백 배 이상의 전류를 흘릴 수 있는 높은 임계 전류밀도를 갖는다는 점이다. 현재 상용되는 구리선은 자체의 고유전기저항에 의한 열의 발생으로 흘릴 수 있는 최대전류가 제한을 받는다. 이러한 이유로 과거에 구리전선으로는 만들 수 없었던 고효율의 혁신적인 전력 응용기기를 고온초전도선재를 이용하여 실용화할 수 있게 되었다.

ANSWER

14 베드노르츠와 뮐러

# 퀴즈 물리학의 역사: 현대

# 제3부

# 상대성이론의 역사

QUIZ 01

상대성원리하면 아인슈타인을 떠올리지만 사실 상대성원리라는 말은 이 사람이 처음 사용했다. 이 사람은 누구인가?

해설 상대성 원리를 물리에 처음 등장시킨 사람은 이탈리아의 위대한 물리학자 갈릴레오 갈릴레이(1564~1642)이다. 갈릴레이의 상대성원리를 얘기하려면 먼저 관성의 법칙에 대해 얘기해야 한다. 관성의 법칙에 대해 교과서의 표현을 빌리면 다음과 같다. 외부로부터 물체에 힘이 작용하지 않으면 정지해 있던 물체는 정지상태를 유지하고 등속도로 움직이던 물체는 등속직선운동을 계속 유지한다.

관성의 법칙은 갈릴레이의 생각을 데카르트(1595~1650)가 완성했고 뉴턴(1642~1727)이 세 가지 운동법칙 중의 제1법칙으로 채택했다. 이때 물체가 이러한 법칙(관성의 법칙)을 따라 현재의 운동상태를 계속 유지하려는 성질을 관성이라 부른다.

그런데 관성의 법칙이 모든 곳에서 성립하는 것은 아니다. 관성의 법칙이 성립하는 곳을 관성계라고 하는데 관성계가 되기 위해서는 등속직선운동을 해야 한다. 여기서 등속직선운동이라는 것은 운동 중에 속도가 변하지 않는다는 것을 말한다. 정지상태도 속도가 0인 등속직선운동이므로 관성계이다. 관성계에서는 속도가 변하지 않으므로 이때 가속도는 0이 된다.

ANSWER

01 갈릴레이

등속직선운동에서 직선이란 말은 중요하다. 물체가 일정한 속력으로 곡선운동을 하게 되면 물체의 속력(속도의 크기)은 일정하지만 운동 방향이 달라지므로 속도는 달라진다. 이것은 속도라는 양이 크기와 방향을 갖는 벡터량이기 때문이다. 관성계의 반대말은 비관성계인데 이 경우 속도가 달라진다. 따라서 이때는 가속도가 0이 아니다.

관성과 관성계를 정의한 갈릴레이는 모든 관성계에서 같은 운동의 법칙이 적용된다는 것을 발견하게 되는데 이것이 유명한 갈릴레이의 상대성원리이다.

갈릴레이의 상대성원리는 나중에 등장하는 뉴턴 역학의 뼈대가 되는 중요한 원리가 된다. 갈릴레이의 상대성원리를 요약하면 다음과 같다.

모든 관성계에서 힘과 운동에 관한 물리법칙은 같다.

예를 들어 일정한 속도로 달리는 버스 안에서 공을 위로 던졌다가 받을 때의 공의 모습과 정지 상태에서 공을 위로 던졌다가 받을 때의 공의 모습은 정확히 일치한다. 이것이 바로 갈릴레이의 상대성 원리이다.

QUIZ 02

아인슈타인이 상대성이론을 발표하기 전 과학자들은 빛은 이것이라고 부르는 매질을 통해 전파한다고 믿었다. 이것은 무엇인가?

ANSWER

02 에테르

해설 파동은 매질을 필요로 하는 것으로 알려져 있다. 수면파는 물이 매질이고 지진파는 지구를 구성하는 물질이, 음파는 공기가 매질이다. 이렇게 파동은 매질을 통해 에너지가 전파된다.

따라서 수면파는 매질인 물이 없으면 전파되지 않는다. 우리는 지진이 발생하여 날아가던 비행기가 추락했다는 뉴스를 들어 본 적이 없을 것이다. 왜냐하면 지진파의 매질은 지구를 구성하는 물질로서 액체 또는 고체이다. 따라서 지진파는 기체인 공기를 통해서는 전파되지 않는다. 마찬가지로 소리(음파)의 매질이 공기이므로 공기가 없는 진공 속에서는 우리는 소리를 들을 수 없다.

빛이 파동이라면 빛의 매질은 무엇인가? 옛날부터 학자들은 빛의 매질을 에테르라고 불렀다. 즉, 에테르의 진동이 빛이라는 전자기파를 전파한다고 생각한 것이다. 빛이 우주 전체에 퍼져 있으므로 에테르는 우주 전체에 퍼져있다고 생각했다.

그런데 에테르의 도입은 다소 문제가 생겼다. 파동이 전해지는 속력은 단단한 매질을 지날 때 더 커진다. 예를 들어 음파(소리)의 속력은 공기 중에서는 초속 340m 정도지만 물 속에서는 초속 1500m, 철 속에서는 초속 5950m가 되어 단단한 매질 속에서 속력이 커진다. 그러면 빛의 속력이 초속 30만 km라는 어마어마하게 빠른 속력이므로 빛의 매질인 에테르는 엄청나게 단단해야 한다. 이렇게 우주에 단단한 에테르가 채워져 있으면 우주 속에 있는 지구나 화성 같은 행성이 어떻게 이 단단한 매질 속을 움직일 수 있겠는가. 또 우리가 숨 쉬는 대기도 에테르로 가득 차 있을 텐데 우리는 단단한 물질의 저항을 전혀 느끼지 않는다. 이에 대해 물리학자들은 다음과 같이 약간 궤변에 가까운 가정을 했다.

에테르는 우주 전체에 퍼져 있고 매우 단단하지만 지구나 태양, 사람과 같은 물질을 자유롭게 통과하므로 물질은 운동할 때 에테르의 저항을 받지 않는다.
이렇게 도입된 에테르가 우주 공간에서 움직이는 물질인가 아니면 정지해 있는 물질인가 하는 논란이 있었고 19세기말에는 '정지해 있는 에테르 설'이 주류를 이루었다. 따라서 우주는 정지해있는 에테르의 바다 속에서 별이나 행성들이 움직이는 모습이었다.

QUIZ 03

**에테르의 존재를 찾는 실험을 처음으로 행한 사람은?**

해설 에테르를 찾기 위해 1887년 미국의 마이켈슨(1852~1931)과 몰리(1838~1923)는 실험에 뛰어들었다.
차를 타고 달리면서 정지해 있는 소나무를 보면 소나무가 뒤로 가는 것처럼 보인다.
마찬가지로 우리가 움직이는 지구를 타고 공간에 정지해 있는 에테르를 보면 지구가 이동하는 방향과 반대로 에테르가 움직이는 것처럼 보일 것이다. 우리는 지구와 함께 태양주위를 돌고 있으므로 우리가 정지해 있고 에테르가 움직이는 것처럼 생각하는 것이 더 편할 것이다. 마이켈슨과 몰리는 지구의 움직임 때문에 빛의 속도가 달라질 거라고 생각했다.

ANSWER

03 마이켈슨과 몰리

마이켈슨과 몰리는 에테르의 존재를 믿었고 빛이 에테르 방향으로 왕복할 때와 에테르에 수직인 방향으로 같은 거리를 왕복할 때 시간 차이가 나서 간섭무늬를 만들 것이라 기대했다.

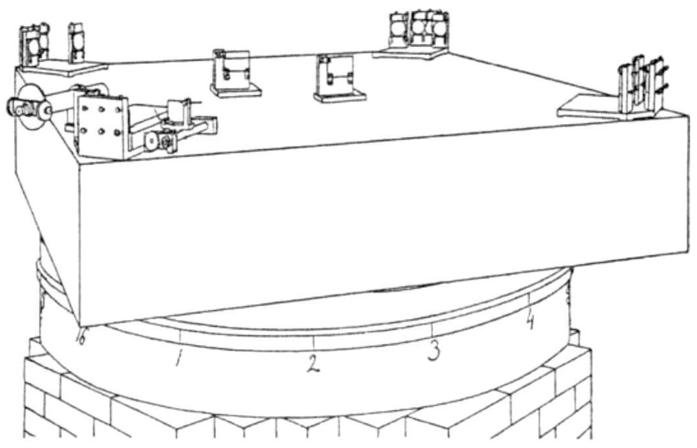

마이켈슨과 몰리는 이 장치를 360도 회전시키면서 이 실험을 했다. 그것은 한 바퀴 돌리다 보면 지구의 공전방향(에테르의 흐름 방향)과 B방향이 일치될 수 있기 때문이었다. 그러나 많은 물리학자의 예상에 비해 실험 결과는 간섭무늬가 관측되지 않았다. 이것은 지구의 움직임이 빛의 속도에 아무런 영향도 주지 않은 것을 의미한다.

그러나 에테르의 존재를 철저하게 믿었던 로렌츠(1853~1928)와 핏츠제랄드는 에테르 방향으로 빛이 진행할 때 거리가 줄어들어 시간 차이가 나지 않는다는 주장을 했다.

QUIZ 04

**아인슈타인은 고등학교 시절 스스로에게 던진 질문 하나가 상대성이론을 만드는 동기가 되었다고 한다. 흔히 투명인간 패러독스라고 부르는 이 질문은 무엇인가?**

해설 상대성 이론은 20세기 최고의 천재 물리학자인 아인슈타인에 의해 이루어진 일반인들의 상식을 뒤집는 혁명적인 이론이다. 따라서 상대성원리를 얘기하기 전에 인간 아인슈타인에 대해 약간은 언급할 필요가 있다. 물론 우리가 서점을 가보면 여러 종류의 아인슈타인 전기(위인전)를 쉽게 접할 수 있다. 여기서는 아인슈타인이 상대성원리의 아이디어를 떠올리게 되는 어린 시절의 아인슈타인의 삶에 대해 간단히 얘기해보자.

아인슈타인은 1879년 3월 14일 독일 남부의 울름이라는 작은 도시에서 태어났지만 아인슈타인에게 울룸에 대한 기억은 거의 없다. 그것은 아인슈타인이 한 살이 되는 해에 독일 남부의 최대 도시인 뮌헨으로 이사했기 때문이다.

아인슈타인은 뮌헨에서 초등학교를 졸업하고 우리 나라의 인문계 중 고등학교 과정을 합친 학교인 김나지움에 진학한다. 이 당시 독일은 국민들에게 전체주의를 강요하고 있었고 김나지움에서도 전체주의 교육이 진행되었다.

자기가 읽고 싶어하는 책만을 읽고 혼자 조용히 생각에 잠기기를 좋아하는 아인슈타인에게 독일 김나지움에서의 수업은 견디기 힘든 과정이었다. 이 당시 아인슈타인이 좋아하는 과목은 오직 물리학과 수학뿐이었고 그 외의 과목에는 별 관심을 보이지 않았다. 그는 자연과학 중에서도 생물 성적은 형편없었다. 특히 그가 가장 자신이 없었던 과목은 프랑스어와 라틴어였는데 김나지움 시절 그는 이 두 과목에 낙제를 당하고 이 두 과목의 선생님들은 아인슈타인을 '문제아'로 간주하였다.

게다가 유태인인 아인슈타인을 대해주는 태도가 그리 곱지 않았던 시절이었으므로 그의 성격은 약간 자폐적으로 되었고 이로 인해 학교를 가지 않는 행동을 하게 되었다. 자유로운 학습을 방해하고 획일적인 전체주의식 교육에 지친 아인슈타인은 뮌헨의 김나지움을 자퇴한다.

김나지움을 중퇴한 아인슈타인에게는 독일의 대학에 진학할 수가 없었다. 그러나 독일 남쪽의 작은 영세 중립국 스위스의 취리히에 있는 연방공과대학은 김나지움을 중퇴한 사람에게도 입학시험을 볼 수 있는 기회를 주었다.

대학에 진학하여 물리학을 계속 공부하고 싶어하는 아인슈타인은 연방공과대학의 입학시험을 치렀지만 시험에 떨어지고 스위스 북부에 있는 아라우 주립학교에 편입한다. 그때가 아인슈타인이 16살 되는 해였다.

뮌헨의 김나지움과 달리 자유로운 환경에서 수업을 진행하는 아라우 주립학교는 아인슈타인에게 딱 맞는 환경이라 볼 수 있었다. 그는 이 학교에서 전 과목에서 우수한 성적을 냈다. 특히 아라우 학교 시절 아인슈타인에게는 '만일 사람이 거울을 보면서 빛의 속도로 달리면 거울에 자기의 얼굴이 보일까?'하는 의문이 생겼다. 이것이 후일 아인슈타인의 '광속 불변의 원리'의 동기가 된다.

아라우 주립학교를 졸업하고 아인슈타인은 연방공과 대학에 재도전하여 우리나라로 얘기하면 사범대학 물리교육과와 수학교육과를 합친 학과에 입학한다.

연방공과 대학시절 아인슈타인의 주 관심은 맥스웰에 의해 멋

있게 수학으로 정리된 전기자기학과 유클리드의 평면기하학을 휘어진 면에서의 기하학으로 일반화한 리만기하학이었다. 이 중 전기자기학에 대한 관심은 후일 아인슈타인이 특수상대성원리 및 4차원 시공간에 대한 연구의 동기가 되었고 휘어진 면에서의 리만기하학은 일반상대성원리에 대한 연구의 동기가 되었다고 볼 수 있다.

1900년 연방공과대학을 졸업하고 2년 동안을 실업자로 보낸 아인슈타인은 1902년 6월 24일 스위스의 수도 베른의 특허국 공무원으로 취직한다. 이 당시 아인슈타인은 자신의 업무를 오전에다 해결하고 오후에는 자신이 관심이 있는 물리연구를 계속했다.

1901년 아인슈타인은 같은 과 졸업생이며 자기보다 4살 연상인 헝가리 출신의 밀레바와 결혼을 한다. 밀레바는 대학 시절이 성적이 형편없이 나빠 아인슈타인의 도움을 얻어 겨우 대학을 졸업했다고 한다.

베른에서 특허국 공무원으로 있는 동안 그는 솔로비누와 하비히트와 함께 '아카데미 올림피아'라는 토론 동아리를 만들어 거의 매일 밤 함께 모여 철학, 과학, 문학에 대해 토론했다. 그로부터 4년 뒤에 드디어 20세기의 가장 위대한 논문인 특수상대성원리에 관한 논문을 발표하고 이때부터 아인슈타인은 세상사람들의 주목을 받게 된다.

QUIZ 05

아인슈타인은 갈릴레이의 속도덧셈의 원리를 일반화시킨 새로운 속도 덧셈의 원리를 발표했다. 갈릴레이의 속도 덧셈의 원리와 아인슈타인의 새로운 속도 덧셈의 원리의 차이점을 설명하라.

해설 갈릴레이의 속도 덧셈 원리란 무엇인가? 시속 60km으로 달리는 기차 안에서 기차 방향으로 시속 4km로 걸어가는 사람의 속도를 기차밖에 있는 사람이 재면 시속 $60+4=64$(km)가 된다.

물론 기차 안에 타고 있는 사람이 보면 그대로 시속 4(km)로 보인다. 갈릴레이의 속도덧셈원리는 우리가 에스컬레이터를 탈 때 흔히 경험할 수 있다. 조금 성질이 급한 사람들은 저절로 움직이는 에스컬레이터를 마치 계단을 걸어 올라가듯이 걸어 올라간다. 이 사람을 에스컬레이터밖에 있는 사람이 보면 어떻게 보일까? 에스컬레이터밖에 있는 관찰자가 보면 이 사람의 속도는 이 사람이 계단을 걸어 올라가는 속도와 에스컬레이터의 속도를 더한 속도로 보인다. 이것이 갈릴레이의 속도 덧셈원리이다.

아인슈타인은 16살 때 '빛의 속도로 달리면서 빛을 보면 어떻게 될까?'라는 의문을 품었다. 갈릴레이의 속도덧셈의 원리대로라면 시속 100km로 달리는 자동차를 시속 100km로 나란히 달리면서 그 자동차를 보면 그 차는 정지해 있는 것처럼 보이듯이 이 경우도 빛도 정지해 있는 것처럼 보이게 되어 거울에는 상이 맺히지 않게 된다. 즉 갈릴레이의 속도덧셈의 원리가 맞다면 거울에 얼굴이 보이지 않을 것이다.

아인슈타인은 수많은 고민 끝에 '혹시 빛이 갈릴레이의 속도덧셈원리를 따르지 않는 것은 아닐까?'하는 의문을 품었다. 그리고는 광속은 어떤 상화에서도 달라지지 않는다는 광속불변의 원리를 가정했다.

아인슈타인은 달리는 자동차의 헤드라이트에서 나온 빛의 속도를 정지해 있는 관찰자가 보는 경우를 생각했다. 갈릴레이의 원리대로라면 빛의 속도는 원래의 빛의 속도와 자동차의 속도와의 합이 되어 원래의 빛의 속도보다 커야 하지만 아인슈타인은 그렇게 생각하지 않았다. 즉 그는 자동차에서 나온 빛을 자동차 안의 사람이 보던 정지해 있는 사람이 보던 똑같을 것이라고 생각했다. 이것이 바로 광속불변의 원리이다.

QUIZ 06

**광속불변의 원리를 처음으로 실험적으로 입증한 사람은?**

해설 1912년 네덜란드의 드지터는 쌍성으로부터의 빛의 속도를 조사했다. 쌍성이란 두 개의 별이 서로 끌어당기면서 질량이 작은 별이 질량이 큰 별 주위를 돌고있는 것이다. 이때 쌍성이 지구로부터 멀어질 때와 가까워질 때의 빛의 속도를 관측했으나 두 경우 빛의 속도는 쌍성의 운동 속도에 영향을 받지 않았다. 반대로 관찰자인 지구가 움직이기 때문에 순간 순간 지구에서 관측하는 빛의 속도는 달라질 것처럼 보인다. 이것은 1979년 브릴르와 홀에 의해 더 정교하게 관측되었는데 오차 $10^{-15}$이하의 정밀도로 빛의 속도에 차이가 없음이 확인되었다.

QUIZ 07

**아인슈타인의 새로운 속도 덧셈원리에는 새로운 덧셈이 정의된다. 즉, 속도 $A$로 달리는 자동차에서 속도$B$로 움직이는 물체를 정지해있는 관찰자가 관측하면 $A+B$가 되지 않고 새로운 덧셈인 $A \oplus B$이 된다. 여기서 말하는 $A \oplus B$는 어떤 식으로 주어지는가?**

해설 빛의 속도를 $C$라 하면 속도 $A$로 달리는 자동차에서 나온 빛은 일정한 속도인 $C$로 관측되어야 한다.

ANSWER

06 드지터

이것을 속도 덧셈으로 표현하면

$$C + A = C$$

가 된다. 이 식은 $A = 0$일 때만 성립하는데 일반적으로 $A \neq 0$ 이므로 이 덧셈공식은 수정되어야 한다. 새로운 덧셈기호를 $\oplus$ 라 쓰자. 이때

$$C \oplus A = C$$

가 되는 새로운 덧셈규칙을 찾아보자.

$$C \oplus A = \frac{C + A}{K}$$

라 가정하면

$$\frac{C + A}{K} = C$$

이어야 하므로 이 식에서 $K$를 구하면

$$K = 1 + \frac{A}{C}$$

이다. 따라서 새로운 덧셈규칙은

$$C \oplus A = \frac{C + A}{1 + \frac{A}{C}}$$

가 된다. 그런데 이 식엔 조금 문제가 있다. 아무리 새로운 덧셈규칙이라 하지만 '더한다'는 개념은 $C$에 $A$를 더하는 것과 $A$에 $C$를 더하는 것을 구분할 수 없다. 즉 새로운 덧셈도 교환법칙이 성립해야 한다는 것이다. 즉

$$C \oplus A = A \oplus C$$

를 요구하면 새로운 덧셈규칙은

$$C \oplus A = \frac{C+A}{1+\frac{AC}{C^2}}$$

라 쓸 수 있다. 이 식을 잘 들여다보면 속도 $A$로 달리는 물체에서 속도 $B$로 움직이는 물체를 정지 관찰자가 관측한 속도는

$$A \oplus B = \frac{A+B}{1+\frac{AB}{C^2}}$$

가 됨을 알 수 있다. 만일 물체의 속도 $A, B$가 빛의 속도 $C$에 비해 작으면 $AB/C^2$는 거의 0이 되므로

$$A \oplus B \cong A+B$$

가 되어 갈릴레이의 속도 덧셈 규칙과 일치한다.

## QUIZ 08

**아인슈타인의 특수상대성이론에서는 움직이는 사람이 시간이 정지해 있는 사람의 시간보다 천천히 흐른다고 한다. 그 이유를 설명하라.**

해설 두 사람이 기차의 중앙에서 서로 반대 방향으로 같은 거리만큼 떨어져 있는 표적을 향해 활을 쏘았다. 활을 쏜 순간 이 기차가 등속도로 오른 쪽으로 움직이고 있을 때 기차 안에 있는 관찰자가 보는 장면과 기차밖에 정지해 있는 관찰자가 보는 장면에 차이가 있을까? 기차 안에 있는 관찰자는 기차와 함께 움직이고 있으므로 자신이 정지해 있다고 느낄 것이다. 그러나 기차밖에 있는 관찰자에게는 기차가 오른쪽으로 움직였으므로 오른쪽

으로 활을 쏜 사람에게 표적까지의 거리가 길어졌음을 느낄 수 있을 것이다. 그러면 오른쪽의 화살이 더 늦게 도착했겠는가? 그렇지는 않다. 뉴턴 역학의 속도 덧셈규칙에 의해 기차 밖의 관찰자가 잰 오른쪽으로 날아간 화살의 속도는 정지해 있을 때의 화살의 속도와 기차의 속도의 합이 되어 거리가 멀어진 만큼 속도도 그만큼 빨라져 두 화살이 같은 순간에 표적에 꽂이게 될 것이다.

만일 화살의 속도가 기차의 속도와 관계없이 항상 일정하다면 어떻게 되겠는가? 그야 물론 기차 밖의 관찰자에게는 왼쪽으로 쏜 화살이 먼저 꽂이고 오른쪽으로 쏜 화살이 나중에 꽂이게 된다. 우리가 앞에서 아인슈타인의 빛의 속도가 일정하다는 원리를 배웠다. 이 기차에서 활 대신 빛을 쏜다면 그 빛은 틀림없이 뒤에 먼저 도달하고 나서 나중에 앞에 도달하게 된다. 이것은 물론 빛의 속도가 어떤 상황에서도 일정하기 때문에 일어나는 현상인데 이를 '같은 시각의 상대성'이라 부른다.

빛의 속도가 일정하다는 사실은 뉴턴 역학에서는 전혀 생각지도 못했던 결과를 주었다. 빛의 속도가 일정하기 때문에 일어나는 대표적인 예로 움직이는 관찰자의 시계가 느리게 가는 현상인데 이것을 시간의 늦음이라 부른다.

일정한 속도 $V$로 달리는 로켓 안에서 아래 그림처럼 아래쪽 거울로부터 출발한 빛이 위의 거울에 도착해 다시 아래쪽 거울에 도착할 때까지 걸린 시간을 로켓 안에 있는 로켓에 탄 사람이 잰다고 생각하자.

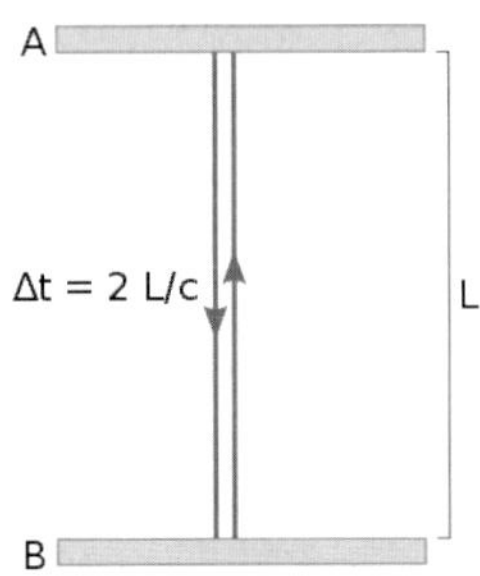


이때 위아래 거울 사이의 길이를 $L$이라 하자. 이때 로켓에 탄 사람은 로켓이 등속도로 움직이는 관성계이므로 빛이 위로 똑바로 올라갔다가 똑바로 아래로 내려오는 모습을 보게 될 것이다. 이것은 정지해 있는 곳에서의 실험과 완전히 같은 모습이 될 것이다. 위아래 거울 사이의 길이가 $L$이므로 빛이 움직인 거리는 $2L$이다. 빛의 속도는 $c$로서 일정하므로 로켓안의 사람이 잰 시간은 다음과 같이 주어진다.

$$\Delta t = \frac{2L}{c}$$

그러나 로켓 안에서 일어난 일을 로켓 밖의 사람이 보면 아래과 같이 빛이 비스듬히 올라갔다가 다시 비스듬히 내려오는 것으로 보일 것이다.

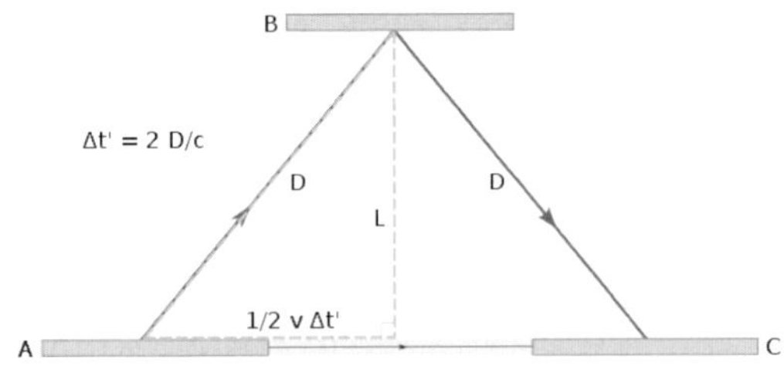

만일 뉴턴 역학에 의해 빛이 되돌아오는데 걸린 시간이 두 경우 같다고 하자. 그런데 로켓 안의 관찰자에게 빛이 이동한 거리는 $2L$이지만 로켓 밖의 관찰자에게 빛이 이동한 거리는 $2D$이다. 그림에서 보이듯 $D$가 $L$보다 길다. 만일 빛의 속도가 일정하고 뉴턴 역학이 옳다면 로켓 밖의 사람이 잰 시간 $\Delta t'$과 로켓안의 사람이 잰 시간 $\Delta t$는 같아야한다. 그러면 $L=D$가 되어 모순이 생긴다.

아인슈타인은 이 모순을 해결하기 위해 로켓안의 시간과 로켓 밖의 시간이 다르게 흐른다고 주장했다. 그러면 누구의 시계가 더 느리게 가야하는가? $D$가 $L$보다 크므로 $\Delta t'$이 $\Delta t$보다 커야 한다. 예를 들어 $\Delta t'$가 1시간이고 $\Delta t$이 1분이라 하자. 이 때 로켓 안에 사람이 1분이라 생각하는 시간이 로켓 밖의 사람의 시계로는 1시간에 대응된다. 만일 로켓안의 사람이 로켓을 타고 자기의 시계로 10시간 동안 여행을 했다면 로켓 밖의 사람의 시계로는 600시간이 흐른 셈이다. 따라서 로켓 안의 사람이 경험하는 시간이 로켓 밖의 사람이 관측하는 시간보다 더 느리게 진행한다.

이제 얼마만큼 시간이 느리게 흐르는 지를 계산해보자. 위 그림에 보이는 직각삼각형에서 밑변의 길이를 $K$라고 하면 피타고라스 정리에 의해

$$K^2 = D^2 - L^2$$

을 만족한다. 한편

$$L = c \times \frac{\Delta t}{2}$$

이고

$$D = c \times \frac{\Delta t'}{2}, \quad K = V \times \frac{\Delta t'}{2}$$

이므로 $\Delta t'$와 $\Delta t$의 관계는

$$\Delta t' = \frac{\Delta t}{\sqrt{1 - V^2/c^2}}$$

가된다. 따라서 운동하는 사람의 시계는 정지해 있는 사람에 비해 느리게 간다.

극단적으로 만일 어떤 사람이 빛의 속도로 움직일 수 있으면 그때 $V = c$이므로 우변의 분모가 0이 된다. 따라서 정지해 있는 사람의 무한한 시간이 이 속도로 움직이는 사람에게는 시간이 거의 흐르지 않은 것으로 여겨 질 것이다. 따라서 우리가 빛의 속도로 움직일 수 있는 로켓을 타고 일정한 속도로 여행을 한다면 우리의 시간은 정지하고 그 사이에 지구는 무한한 시간이 흘러가게 될 것이다. 즉 진시황제가 찾고자 했던 불로초는 바로 빛의 속도로 움직이는 로켓이라고 볼 수 있다.

기차 안의 시계로 걸린 시간을 $T_0$ 라고 하고 기차 밖의 시계로 걸린 시간을 $T$라고 해보자. 이때 시간 지연의 공식에 의해 $T$가 $T_0$보다 더 크다. 이것이 어떻게 해서 기차 안의 시계가 더 느리게 가는 가를 말해주는가를 생각해보자.

만일 기차의 속도가 아주 빨라서 기차 안의 시계로 1초가 흘렀을 때 기차 밖의 시계로 24시간이 흘러갔다고 하자. 그러니까 $T_0$는 1초이고 $T$는 24시간이다. 기차 안에 탄 사람이 자신의 시계로 1초가 지난 후 기차에서 내리면 그 사이 정지해 있는 기차 밖의 시계는 24시간이 흘렀으므로 이 사람에게서 갑자기 하루가 사라져버린 셈이다. 그러니까 기차 안에 탄 사람의 시계는 기차 밖의 시계에 비해 엄청나게 느리게 간 셈이다.

QUIZ 09

## 미래로 가는 타임머신의 원리를 설명하라.

해설 아인슈타인의 특수상대성이론은 타임머신과 관계있다. 타임머신이란 시간여행을 할 수 있는 기계로 19세기 말 조지 웰스의 소설에 등장한 이래 최근까지 많은 SF영화의 소재가 되었다. 우리가 공간을 이동할 때 양의 방향으로의 이동과 음의 방향으로의 이동이 있다. 예를 들어 1차원 직선 운동의 경우 오른쪽으로의 이동을 양의 방향이라고 하면 왼쪽방향으로의 이동은 음의 방향으로의 이동이다.

마찬가지로 시간이동이 가능하다면 이때 에도 양의 방향의 시간이동과 음의 방향의 시간이동이 존재한다. 양의 방향의 시간이동은 미래로의 여행이고 음의 방향의 시간 이동은 과거로의 여행이다. 과거로의 시간 여행은 뒤에 블랙홀과 웜홀을 다룰 때 얘기하기로 하고 여기서는 미래로의 시간 여행이 가능하다는 것을 얘기 해보자.

아까 이 사람이 기차 안에서 자기의 시계로 1초가 걸린 여행을 한 후 기차에서 내렸을 때 자신은 자신의 세상의 하루 미래의 세상을 만나게 된다. 따라서 이 경우 기차가 미래로 시간여행을 가게 하는 타임머신이다. 특수상대성원리에서 시간지연의 공식은 바꿔 말하면 미래로의 시간 여행에 대한 공식이다. 먼 미래로 가느냐 가까운 미래로 가느냐 하는 것은 기차의 속도에 의해 결정된다. 기차가 아주 빠르면 먼 미래로 가고 그리 빠르지 않으면 가까운 미래로 간다.

결론적으로 특수상대성이론에서는 관측자의 운동상태에 따라 시간의 진행 방식이 달라진다. 즉 '달리고 있는 사람의 시계는 느리게 간다.'는 것이다. 그러면 우리는 왜 시간의 늦음을 느끼지 못하는가?

예를 들어 시속 1000km로 달리는 비행기를 탔다고 하자. 우리에게는 이 비행기가 굉장히 빠른 것으로 여겨지지만 초속 30만km라는 빛의 속도에 비하면 이 속도는 빛의 속도의 100만 분의 1로 아주 느린 속도이다. 이때의 시간의 늦음은 1초당 1조분의 1초 정도밖에 되지 않는다. 이 비행기로 3만년동안 달려도 시간의 늦음은 겨우 1초에 불과하다. 따라서 일상생활에서 시간의 늦음은 피부로 느끼지 못하는 것이다.

QUIZ 10

**기차의 속도로도 특수상대성이론이 적용된다고 할 때 기차안의 선반에서 가방이 떨어지는 것을 기차 밖에 정지해 있는 사람이 보면 어떻게 보일까?**

해설 시간의 늦음과 관련된 다른 상황을 생각해 보자. 상대성원리가 적용되는 가상의 세계에서 기차 안의 선반에 있는 가방이 떨어져 앉아있는 사람의 머리에 맞았다. 이것을 기차 밖에서 보면 어떻게 될까. 기차에 탄 사람이 보면 우리가 흔히 지하철에서 경험하는 것처럼 가방은 매우 빠르게 자유 낙하하여 앉아있는 사람의 머리에 부딪힌다. 그러나 특수상대론이 적용되는 경우 움직이는 기차 안의 시간은 기차 밖의 정지 관찰자의 시계로 잴 때 느리게 간다. 따라서 밖에 있는 사람은 슬로우 비디오처럼 가방이 천천히 떨어지는 모습을 보게 될 것이다.

QUIZ 11

우주에서 날아오는 높은 에너지를 가진 방사선을 우주선이라 부르는 데 그 대부분은 양성자이다. 우주선이 대기에 들어오면 공기와 충돌해서 작은 소립자들을 만들어 내는 데 그 중 하나가 뮤온이라는 소립자이다. 물론 이때 만들어진 뮤온도 높은 에너지를 가지게 되므로 거의 빛의 속도에 가까운 속도를 갖게 된다. 뮤온은 매초 제곱 센티미터 당 100개정도 지표에 충돌하는 데 지상에서 뮤온의 수명을 측정하면 100만 분의 2초 정도이다. 그렇다면 뮤온이 빛의 속도로 움직여도 뮤온이 움직일 수 있는 거리는

거리=(빛의 속도)×(뮤온의 수명)
=(30만 킬로미터/초)×(100만 분의 2초)
=600미터

가 된다. 대기권의 두께가 수 백 킬로미터이므로 우주선 속의 뮤온이 대기권을 들어오면 곧 붕괴하여 다 사라져 버리고 지표 근처에서는 뮤온을 발견할 수 없어야 한다. 그런데 지표 근처에서 매초 제곱 센티미터 당 100개 정도의 뮤온을 관측할 수 있는 이유는 무엇인가?

ANSWER

11 특수상대성이론 때문이다. 뮤온이 거의 빛의 속도로 날아오기 때문에 뮤온의 시간이 느리게 진행되어 뮤온이 오래 살 수 있기 때문이다.

QUIZ **12**

보통 암 치료에 파이온을 쪼이는 방법이 시도되고 있다. 그런데 파이온의 수명은 정지상태에서 1억 분의 1초라는 짧은 시간이다. 이때 파이온을 오래 살게 하는 방법으로 스트레인지링이라는 파이온 저장고를 설계했다. 이 저장고에서 파이온이 1~2개월 살 수 있는 이유는 무엇인가?

QUIZ **13**

움직이는 곳의 시간이 천천히 흐른다는 것은 어떻게 실험적으로 입증되었는가?

해설 과학자들은 아인슈타인의 시간지연 효과를 빠른 제트기를 이용해 실험하기 위해 시속 600마일로 날리는 제트기 속의 시계와 지상의 시계를 비교했다. 이때 원자 시계를 사용하여 시간을 백만 분의 일초까지 정확하게 잴 수 있었다. 그때 지구가 도는 방향으로 두 바퀴 돈 후 비행기 안의 시계는 지상의 시계보다 59나노초 늦어졌다.(1나노초는 10억 분의 1초이다)

ANSWER

12 초전도자석을 사용하여 파이온을 거의 빛의 속도로 원운동 시키면 파이온의 시계가 느리게 가므로 파이온의 수명이 1~2개월로 늘어난다.

QUIZ 14

현재 1미터의 길이를 정의하는 기준은 무엇인가?

해설 물체의 길이는 고대시대로부터 상대성원리가 등장하기 전까지는 어떤 상황에서도 변하지 않는 것으로 여겨져 왔다.

지금 우리는 길이의 단위로 미터, 센티미터, 킬로미터를 쓰지만 조선시대까지는 길이의 단위로 '자' 또는 '리' 같은 단위를 상용했다. 지금도 미국사람들은 미터계통의 단위보다는 피트, 야드, 마일 같은 미국식 단위 계를 주로 사용한다.

고대 이집트에서는 길이의 단위로 큐비드라는 단위를 상용했다. 1큐비드는 왕의 손가락 끝에서 팔꿈치까지의 길이인데 이 단위는 왕이 바뀔 때마다 달라지는 불편함이 있었다.

영국과 미국에서 주로 사용하는 피트(feet)라는 단위는 보통 사람의 발걸음의 너비를 기준한 길이이다. 고대 중국에서는 황종조라 부르는 피리의 길이를 길이의 단위로 잡았다.

나폴레옹 시대 때 북극과 적도를 있는 자오선의 길이의 1000만분의 1을 미터라고 정의하여 지금까지 국제적인 길이의 표준단위로 삼고 있다. 현재는 붉은 색을 내는 크립톤 86 레이저의 파장의 1650763.73배를 1미터로 정의한다.

QUIZ 15

지구에서 가장 가까운 은하인 안드로메다 은하까지의 거리는 230만 광년이다. 광년이란 빛의 속도로 1년 동안 간 거리이다. 그렇다면 우리가 설사 빛의 속도로 달리는 로켓을 만들었다 해도 안드로메다까지 가는데 230만년이 걸리므로 안드로메다까지의 우주 여행은 불가능한 것인가?

해설 움직이는 관찰자와 정지 관찰자의 시간이 다르게 흐른다는 것은 움직이는 관찰자가 측정하는 길이와 정지 관찰자가 측정하는 길이가 달라진다는 것을 의미한다. 다시 말하면 등속도로 운동하고 있는 막대의 길이를 재는 방법에는 두 가지가 있을 수 있다. 하나는 막대와 함께 움직이고 있는 자로 재는 방법인데 이 경우는 자가 막대와 함께 움직이고 있기 때문에 막대가 움직인다는 것을 자는 느끼지 못한다. 따라서 이 경우 자가 샌 길이는 정지해 있을 때의 막대의 길이를 잰 셈이 된다. 이 길이를 자의 고유의 길이라고 한다. 다른 하나는 정지해 있는 자로 움직이고 있는 막대를 재는 방법인데 이 경우 자는 막대가 움직이고 있다는 것을 느끼므로 움직이는 물체의 길이는 잰 셈이 된다.

특수 상대성 이론에 따르면 정지해 있는 사람이 잰 막대의 길이는 고유의 길이 보다 짧아진다. 즉 움직이고 있는 물체의 길이는 수축해 보인다. 반대로 내가 움직이면서 세상을 보면 역시 공간이 수축해 보인다. 이제 어느 정도로 길이가 수축되는가 또 길이 수축이 시간 지연과 어떤 관계가 있는가를 알아보자.

속도 $v$인 로켓을 타고 우주 여행을 하는 경우를 생각하자. 지구를 떠나 우주의 어느 한 별까지 일정한 속도 $v$로 일직선으로 날아간다고 하자. 지구의 관측자가 잰 지구에서 그 별까지의 거리를 $l_0$라 하자. 로켓이 지구에서 별까지 걸린 시간은 지구 관찰자와 로켓 관찰자에 대해 다르다. 지구에 있는 관찰자가 잰 시간을 $t$라 하고 로켓을 타고 가는 관찰자가 잰 시간을$t_0$라고 하자. 이때 지구의 관측자가 잰 지구와 별 사이의 거리 $l_0$는

$$l_0 = vt$$

이다. 지구에 있는 관찰자가 잰 시간과 로켓을 타고 가는 관찰자가 잰 시간사이에는 시간지연 공식에 의해

$$t = \frac{t_0}{\sqrt{1-(v/c)^2}}$$

가 성립한다. 로켓을 타고 가는 관찰자가 잰 지구와 별 사이의 거리가 똑같이 $l_0$라면

$$l_{0=}vt_0$$

이므로 $t = t_0$가 되어 모순이 생긴다. 물론 이 결과는 뉴턴 역학에서처럼 시간이 달라지지 않으면 모순되지 않지만 특수상대성원리에서는 시간이 달라지기 때문에 모순이 일어난다. 따라서 로켓 관찰자가 잰 지구와 별 사이의 거리는 달라져야 한다. 그 거리를 $l$이라 하면

$$l = vt_0$$

이다. $t$와 $t_0$사이의 시간 지연 공식으로부터 $l$과 $l_0$사이의 관계는

$$l = \sqrt{1-(v/c)^2}\, l_0$$

가 된다.

$\sqrt{1-(v/c)^2}$ 이 항상 1 보다 작으므로 $l$은 $l_0$보다 항상 작다. 즉 로켓을 타고 가는 관찰자가 잰 지구와 별 사이의 거리가 더 짧다. 이를테면 빛의 속도의 60%로 로켓이 지나가면 길이는 80%로 줄어들고 빛의 속도의 90%일 때는 길이가 약 14%로 줄어들고 빛의 속도의 99.9%일 때는 약 4.5%로 길이가 줄어든다. 속도가 빛의 속도에 더 가까워지면 질수록 길이가 줄어드는 비율은 더 커진다.

그러나 길이 수축이 느껴지기 위해서는 빛의 속도에 가까운 매우 빠른 속도를 필요로 한다. 물체의 속도가 빛의 속도에 비해 매우 느린 경우는 $\sqrt{1-(v/c)^2}$ 이 거의 1에 가깝기 때문에 길이 수축을 거의 느끼지 못한다. 현재 가장 빠른 우주선은 파이어니어 11호이고 그 속도는 초속 600km 정도로서 빛의 속도의 0.2%에 불과하다. 이 정도의 속도로는 파이어니어에 타고있는 조종사가 길이 수축을 느낄 수 없을 것이다. 길이 수축은 물체의 운동방향에 대해서만 적용되고 수직방향으로는 적용되지 않는다. 이제 우리는 로켓의 속도가 빛의 속도에 가까워지면 로켓에 탄 사람에게 공간이 수축된다는 사실을 알게되었다. 바로 이것이 우리가 우주여행을 할 수 있는 이유가 된다. 상대성원리의 길이 수축효과를 생각하면 수백만 광년 거리의 은하에 10년만에 갈 수 있다.

지구상의 중력가속도와 같은 가속도로 가속을 계속하는 로켓을 생각하자. 그 로켓이 속도를 점점 올려 1년 후에는 빛의 속도의 77.4818%, 5년 후에는 빛의 속도의 99.99342479%의 속도가 된다. 빛의 속도에 가까워질수록 시간의 늦어짐은 더욱 현저해진다. 이러한 로켓을 타고 지구를 출발하여 우주여행을 한다면 어떻게 될까? 이 로켓을 타고 가면 410광년 떨어진 플레이아데스

성단까지는 약 6년 반, 16만 광년 거리의 대 마젤란 성운까지는 12년 반, 230만 광년 거리의 안드로메다 은하까지는 약 15년 걸린다. 따라서 뉴턴 역학으로는 한 사람의 일생동안 여행할 수 없어 보이던 우주여행이 실현 가능해지게 된다.

QUIZ 16

## 쌍둥이 파라독스란 무엇인가?

해설 경아와 미나가 2000년 같은 날 지구에 태어난 쌍둥이라고 하자. 경아는 지구에서 살고 있고 미나는 태어나자마자 빛의 속도의 5분의 4의 속도로 40광년 떨어진 별까지 우주여행을 하고 돌아왔다.

이때 미나의 시계는 경아의 시계에 비해 느리게 간다. 이렇게 미나의 시계와 경아의 시계가 다르게 진행될 때는 둘 중 하나의 시계를 기준시계로 택해 비교를 해야한다. 지구에 살고 있는 경아가 100살이 되었을 때 미나가 우주여행에서 돌아왔을 때 미나의 나이는 지구의 시계로 여전히 100세이겠는가? 로켓을 타고 가는 미나에게 로켓과 별 사이의 공간은 수축되어 별까지의 거리가 짧아진다. 따라서 실제 미나가 잰 로켓과 별 사이의 왕복거리는 길이수축 공식에 의해

$$(40\text{광년} \times 2) \times \sqrt{1-(\frac{4}{5})^2} = 48\text{광년}$$

로 줄어든다. 미나는 이 거리를 빛의 속도의 5분의 4의 속도로 가므로 걸린 시간은

$$\text{미나의 나이(지구시계 기준)} = \frac{48\text{광년}}{\frac{4}{5}\times\text{빛의 속도}} = 60\text{년}$$

이 된다. 따라서 쌍둥이 자매가 지구에서 만났을 때 경아의 나이는 100살이고 미나의 나이는 60살이 되어 로켓을 타고 여행한 미나가 더 젊어진다. 흔히 대부분의 학생들은 이것을 쌍둥이 파라독스라고 생각하는 데 그건 그렇지 않다.

그러나 이것을 미나 입장에서 보면 미나는 정지해있고 경아가 살고 있는 지구가 빛의 속도의 5분의 4의 속도로 멀어져 가므로 미나의 시계를 기준으로 하면 미나가 100살이 될 때 경아는 60살이 되어 경아가 더 젊어질 것 아닌가? 그럼 과연 누가 더 젊어지는 것일까? 참 알쏭달쏭한 퍼즐같다. 바로 이 알쏭달쏭한 퍼즐이 유명한 쌍둥이 파라독스이다.

특수상대성이론에서는 어느 쪽의 시계가 더 느리게 진행되는가를 결정할 수 있는 절대시간도 없고 어느 쪽이 움직이고 있는가를 결정하는 정지된 절대공간도 없다. 특수상대성원리는 등속직선운동을 하는 관찰자가 본 세계에서 성립하는 이론이므로 서로 등속직선운동을 하고 있다면 두 사람의 운동은 대등하고 어느 쪽이 움직이고 있었는가를 결정할 수 없다.

로켓을 탄 미나의 운동을 다시 한번 생각해 보자. 미나가 탄 로켓이 별에 갔다 지구로 되돌아오기 위해서는 어느 시점에서 U턴을 해야 한다. 이때 로켓은 속도가 감소하다가 다시 속도가 증가하는 가속 운동을 하게 된다. 가속이든 감속이든 가속도가 생긴다는 얘기는 나중에 얘기하게 될 일반상대성이론의 등가원리에 의해 가속도와 중력이 같은 개념이므로 중력이 커진다는 얘기이고 중력이 커지면 중력에 의해 시계가 느리게 되므로 미나가 더 젊게 된다는 것이 쌍둥이 파라독스의 해결이다.

QUIZ 17

**빛의 속도에 가까운 속도로 날아가는 공을 정지해 있는 사람이 보면 어떻게 보일까?**

해설 우리는 앞에서 우리가 빛의 속도에 가까운 아주 빠른 속도로 달리는 물체를 정지해 있는 우리가 보면 물체의 길이가 짧아져 보인다고 얘기했다. 그러나 과연 우리가 직접 눈으로 관찰하면 그렇게 보일까? 특수상대성 이론의 세계에서 '자로 잰' 길이의 짧아짐이 '실제로 눈에 보인다'는 것이 아니라는 것이 1959년 텔르에 의해 지적되었다.

예를 들어 빛의 속도에 가까운 속도로 날아가는 공을 보면 공이 진행방향으로 길이가 짧아져 계란과 같은 타원체로 보일 것으로 기대된다. 그러나 실제로는 그렇지 않다. 이것은 물체가 아주 빠른 속도로 운동하고 있을 때 빛이 전달되고 있는 동안에도 물체는 자꾸만 앞으로 나아가서 물체가 정지해 있을 때는 보이지 않던 부분까지 보이게 되기 때문이다. 따라서 운동하는 공도 정지해있을 때는 보이지 않던 뒤쪽 부분이 보이게 되어 우리 눈에는 공 모양 그대로 보인다. 이것은 영국의 천체물리학자 펜로즈가 수학적으로 증명하였다.

그러면 대칭성이 없는 물체는 어떻게 보이겠는가? 이 경우는 보이지 않던 뒤쪽 부분이 보이게 되므로 그 모양이 묘하게 일그러져 보이게 된다.

로켓을 타고 우주여행을 떠나보자. 출발한지 얼마 안 되서는 아직 로켓의 속도가 그리 빠르지 않기 때문에 지구에서 보는 밤하늘과 별로 다르지 않다. 앞에도 뒤에도 많은 별들이 보인다. 그러나 로켓이 더 빨라지면 별의 색깔과 밝기가 달라진다. 앞쪽의 별은 보이는 곳의 중앙에 모이고 뒤에 보여야할 별이 앞에 보이는 신비한 일이 벌어진다. 로켓이 더 빠르게 달려 빛의 속도의 90%의 속도에 이르면 앞쪽의 가운데 있는 별들은 푸르스름하게 빛나고 그 주위를 노란 색, 오렌지 색, 붉은 색의 별이 둘러서 멋있는 동심원의 무지개(rainbow)가 펼쳐진다. 이것을 별 들이 만든 무지개라고 해서 스타보(starbow)라고 부르는데 1961년 독일의 오이겐젱거가 발표하였다. 한편 뒤쪽의 별은 거의 모두다 앞쪽에 보이게 되므로 앞은 스타보에 의해 화려하지만 뒤쪽을 쳐다보면 별빛이 없는 칠흙 같이 어두운 모습으로 보인다. 스타보가 생기는 이유를 설명하라.

뒤쪽의 별이 앞에 보이는 현상은 1752년 영국의 천문학자 브래들리(1683~1762)가 발표한 '별의 광행차'와 같은 이치 때문이다. 이를테면 비가 오는 날에 자전거를 타고 점점 속도를 올리면 비가 앞쪽으로 내린다. 자전거의 속도가 빨라질수록 비는 더욱 앞쪽으로 내리게 된다. 빛의 경우도 그 속도는 매우 크지만 일정하기 때문에 마찬가지로 뒤쪽별에서 온 별 빛이 앞에 보이게 되는 것이다.

그러면 왜 스타보가 생기는 것일까? 그것은 바로 별 빛의 도플러효과 때문이다. 로켓의 정면에 있던 별 빛은 로켓이 별에 가까이 가므로 파장이 짧아져 푸르스름하게 보이고 로켓의 뒤에 있던 별 빛은 로켓으로부터 멀어지므로 파장이 길어져 불그스름하게 보이는 것이다.

QUIZ 18

**특수 상대성 이론에 의하면 움직이는 물체의 질량은 정지해 있을 때의 질량과 달라진다. 물체가 움직이면 질량은 증가하는가? 감소하는가?**

해설 결론부터 얘기하면 움직이는 물체의 질량은 점점 무거워진다. 정지해 있을 때의 질량을 $M_0$라고 하고 속도 v로 움직일 때의 질량을 $M$이라고 하면 $M$과 $M_0$와의 관계는

$$M = \frac{M_0}{\sqrt{1-(v/c)^2}}$$

이다. 따라서 속도 $v$가 $c$에 비해 아주 작을 때는 $(v/c)^2$는 거의 0이 되어 $M$은 $M_0$가 된다. 이때가 바로 뉴턴 역학이 적용되는 상황이다. 그러나 $v$가 $c$에 가까워지면 분모가 거의 0에 가까워지므로 $M$은 $M_0$에 비해 어마어마하게 커지게 된다.

예를 들어 몸무게가 60kg인 사람이 빛의 속도의 60%의 속도로 달리면 달릴 때의 몸무게는 75kg이 되고 빛의 속도의 90%로 달리면 약 138kg으로, 빛의 속도의 99.9%로 달리면 약 342kg으로 몸무게가 늘어난다. 따라서 만일 상대성원리가 적용된다면 뚱뚱한 사람이 살을 빼기 위해서 조깅을 하는 일은 삼가야 할 것이다. 물론 사람이 달리는 속도는 빛의 속도에 비한다면 거의 0에 가까운 속도이므로 상대성원리는 적용되지 않는다.

운동 중에 질량이 증가한다는 사실은 1908년 독일의 부헤러가 매우 빠른 속도로 가속된 전자의 운동에 대해 확인하였다. 질량의 증가를 응용한 대표적인 장치는 소립자를 매우 빠른 속도로 가속시키는 입자가속기이다. 이렇게 빠른 속도에 도달한 소립

자를 정지해 있는 다른 소립자와 충돌시킴으로써 소립자의 세계를 탐구하게 된다. 입자가속기에서 양성자를 빛의 속도의 99.7%로 가속시키면 양성자의 질량은 13배로 증가한다.

QUIZ 19

**특수상대성이론에 따르면 빛을 이루는 입자인 광자의 질량은 얼마가 되어야하는가?**

해설 빛의 속도 $c$로 달린다면 $v=c$가 되어 $1-(v/c)^2=0$가 된다. 그때 $M$은 $M_0$가 0이 아니라면 무한대의 질량이 된다. 이것이 상대론에 의해 빛이 질량을 가지지 못하는 이유이기도 하다. 빛이 아무리 가벼워도 어떤 0아닌 질량을 갖고 있다면 빛은 빛의 속도로 운동하므로 우리에게 도달되는 빛의 질량은 무한대가 된다. 무한대의 질량을 가진 빛과 우리가 충돌한다면 엄청난 충격량 때문에 우리는 살아남을 수 없게 될 것이다. 그런데 우리는 햇빛을 받으며 아프지 않고 살아가지 않는가? 그것은 빛의 정지질량 $M_0$가 0이기 때문에 운동 중에도 질량 $M$은 계속 0을 유지하기 때문이다.

ANSWER

19 0

QUIZ 20

1905년 9월 아인슈타인은 〈물체의 질량은 에너지에 의존하는가?〉라는 세 쪽 짜리 논문에서 물질은 곧 에너지이고 질량은 에너지의 척도라 주장하며 에너지와 질량과의 관계가

$$E = Mc^2$$

이 됨을 보였다. 여기서 $M$은 운동하는 물체의 질량을 의미한다. 따라서 물체가 빛의 속도에 가까운 속도로 운동하면 물체의 질량 $M$이 점점 커지므로 큰 에너지가 발생한다. 이 결과를 이용해 핵분열이나 핵융합에서 엄청난 에너지가 나오는 이유를 설명하라.

해설 우리가 흔히 접하는 원자력 발전이나 원자폭탄은 핵분열 때에 발생하는 상대론적인 에너지를 이용한 것이고 태양에너지의 근원은 수소의 핵융합과 관련된 것이다.

그렇다면 어떤 반응에서 질량이 에너지로 변환되는 과정을 볼 수 있을까. 화학 책을 읽어보면 화학 반응에서 질량은 보존된다고 되어있다. 그렇다면 새로운 에너지가 질량 차이로부터 생길 수가 없다는 얘기가 아닌가. 그러나 그렇지 않다. 모든 화학 반응에서는 질량이 감소한다. 그러나 그 감소율은 0.00000001% 정도이다. 1톤의 석유가 타도 질량의 감소는 0.01g 정도이고 이렇게 작은 질량의 감소가 상대론적 에너지로 변한 양을 관측하는 것은 어려운 일이다.

그러나 아인슈타인이 질량-에너지 관계는 1938년 독일 물리학자 한과 스트라스만의 실험에 의해 가능성이 시사되었다. 한과

스트라스만은 천연에 0.7%밖에 존재하지 않는 우라늄 235를 느린 중성자로 때리면 우라늄 핵이 바륨 핵과 크립톤 핵으로 분열되고 이때 다시 두세 개의 중성자가 튀어나와 이러한 과정을 연쇄적으로 일으킨다는 사실을 알아냈다. 이것을 핵분열이라 한다.

이때 우라늄 핵을 구성하기 위한 결합 에너지와 바륨핵, 크립톤 핵을 구성하기 위한 에너지 차이가 생기며 이 차이만큼 핵분열 후 질량은 감소한다는 사실이 알려졌다. 이 감소된 질량에 대응되는 상대론적 에너지가 나타나는데 이것이 유명한 원자폭탄의 에너지가 되는 것이다.

우라늄 1kg이 핵분열을 하면 그 질량은 0.9g 감소한다. 즉 0.09%의 질량감소가 일어난 셈이다. 우리는 이 정도의 질량 감소가 뭐 그리 대단하냐고 반문할 수도 있다. 이 질량감소가 얼마나 큰 에너지를 발생시키는 가를 간단하게 계산해보자. 0.9g(0.0009kg)의 우라늄의 질량감소가 발생하는 상대론적 에너지$E$는

$$\begin{aligned} E &= \Delta Mc^2 \\ &= 0.0009 \times (3 \times 10^8)^2 \\ &= 8.1 \times 10^{13}(J) \\ &= 1.93 \times 10^{13}(cal) \\ &= \text{석탄 300만 톤을 태웠을 때 발생하는 에너지} \end{aligned}$$

이다. 이 정도면 우라늄 1kg의 핵분열이 얼마나 큰 에너지를 발생시키는가를 알 수 있을 것이다. 이 가공할 만한 에너지를 무기화 시킨 것이 바로 그 유명한 원자폭탄이다.

핵융합은 핵분열의 반대이다. 높은 온도와 높은 압력에서 양성자 두 개가 융합한다. 이중 하나의 양성자는 중성자로 바뀌는 베타붕괴를 하게 되어 양성자와 중성자로 형성된 중수소 핵을 만든다. 이때 베타붕괴에 의한 베타선이 방출된다.

양성자 두 개와 중성자 1개로 구성된 헬륨3이 만들어진다. 우리가 흔히 보는 헬륨은 헬륨4로서 양성자 2개와 중성자 2개로 구성되어 있다. 헬륨3 두 개가 융합하여 헬륨4가 만들어지고 두 개의 양성자가 방출된다. 이 과정에서 질량이 0.7% 감소하며 그 질량차이에 해당하는 아인슈타인 에너지가 방출된다. 뒤에 가서 더 자세히 얘기하겠지만 이 에너지가 별의 빛과 열을 주는 에너지이다.

예를 들어 태양에너지를 살펴보자. 태양의 중심부에서는 수소가 헬륨으로 바뀌는 핵융합 반응이 일어나고 있다. 이 반응에서 질량이 감소하고 이 줄어든 질량이 에너지로 바뀌게 된다. 이때 1g의 수소는 이 반응으로 1억 5천만 kcal라는 엄청난 에너지를 발생한다. 이 핵융합 반응에 의해 태양의 중심부는 약 1500만도나 되는 고온을 유지하는 것이다.

그런데 원자핵이 분열해도 융합해도 에너지가 방출된다는 것은 좀 이상하다는 생각이 든다. 원소 중에서 가장 안정된 핵을 가진 원소는 철이다. 철보다 가벼운 원자의 핵은 융합할 때 에너지를 방출하고 철보다 무거운 원자의 경우는 분열할 때에 에너지를 방출한다.

QUIZ 21

아인슈타인은 1905년 특수상대성 이론을 발표하고 나서 특수상대성 이론과 중력을 절충시키는 문제를 생각했다. 특수상대성이론은 등속직선운동을 하는 관성계에서만 성립하는 특수한 상대성이론이다. 따라서 일반적인 곡선운동이나 가속도 운동처럼 속도가 변하는 비관성계로 일반화 할 필요가 있었다. 이렇게 속도가 변하는 운동에 대한 상대성이론을 무엇이라고 부르는가?

해설 아인슈타인이 특수상대성원리를 발표했을 때 많은 물리학자들은 상대성원리를 상식을 깨는 이론이라 하여 회의적인 반응을 보였다. 그러나 그와는 반대로 스위스 소도시의 공무원이 발표한 특수 상대성이론에 깊은 관심을 보인 위대한 학자들도 있었다. 프랑스 소르본느 대학 총창인 수학자 뿌앙까레는 아인슈타인의 특수상대성이론이 옳다는 것을 많은 과학자들에게 알리고 있었고 양자론의 창시자인 독일의 막스 플랑크도 아인슈타인의 상대성원리에 큰 찬사를 보냈다.

1907년 아인슈타인은 흑체복사법칙으로 유명한 독일의 물리학자 빈의 제자인 라우프와 함께 특수상대성원리와 전기자기학 사이의 관계에 관한 논문을 발표한다.

1908년은 아인슈타인에게는 큰 의미가 있는 해이다. 특허국 공무원이었던 아인슈타인이 대학에서 강의를 처음 하게 되는 해이기 때문이다.

ANSWER

21 일반상대성이론

이 해에 아인슈타인은 베른 대학에 시간 강사 신청을 내고 이 것이 받아들여져 마침내 베른 대학의 교단에 서게 된다. 비록 대학에 연구실과 실험실을 갖는 정식 교수가 아닌 시간 강사이지만 대학에서 박사학위를 받지 않은 공무원 출신의 그가 베른 대학의 시간 강사가 된 것은 놀랄만한 일이었다.

특수상대성원리로 일부 과학자들 사이에서 유명해진 아인슈타인이지만 이 당시 대부분의 학생들에게 특수상대성이론이나 아인슈타인이란 이름은 생소했다. 따라서 이 위대한 학자의 첫 강의를 신청한 학생은 겨우 몇 명에 불과했고 따라서 아인슈타인의 강사료도 얼마 되지 않는 소액에 불과했다.

유럽에서 열리는 많은 학회에 참가해 상대성원리에 대해 발표하는 아인슈타인에 대해 많은 물리학자들이 아인슈타인과 같이 앞날이 창창한 물리학자를 베른 대학의 시간강사로 두기에는 아깝다는 소리를 냈다. 드디어 아인슈타인에게 기다리고 기다리던 교수의 길이 열렸다. 1909년 10월 15일 아인슈타인은 스위스 취리히 대학의 물리학과 교수로 취임한 것이다. 아인슈타인은 이 대학에서 역학, 전자기, 열물리 등을 강의하게 된다. 이 때부터 아인슈타인의 생활은 조금씩 나아지기 시작한다.

취리히 대학에서 3년이 지난 1911년 봄 아인슈타인은 더 많은 월급을 제시한 프라하대학으로 자리를 옮긴다. 이 대학은 14세기에 만들어져서 600년의 전통을 갖고 있는 대학이었다. 체코의 프라하는 조용하고 아름다운 옛 도시였다. 아인슈타인은 이 대학에서 일반상대성원리의 아이디어를 떠올리고 본격적인 연구에 들어간다.

프라하 대학교수로 있는 동안에도 유럽의 많은 대학에서는 아인슈타인을 서로 자기의 대학으로 모셔가려 했다. 네덜란드의 라이덴 대학, 스위스 취리히의 연방공과대학등에서 아인슈타인을 교수로 초빙하려 했다. 1912년 8월 아인슈타인은 프라하를 떠나 자신의 모교인 스위스의 연방공과대학의 교수로 취임한다. 이 대학에서도 아인슈타인은 뉴턴 역학, 열물리 등을 가르친다.

연방공과대학에서의 교수 생활은 그리 길지 않았다. 1913년 여름 독일의 베를린 대학에서는 아인슈타인에 대해 눈독을 들였고 그에게 충분한 월급과 충분한 연구시간을 제공한다는 조건으로 아인슈타인을 모셔가게 된다. 이때가 아인슈타인 34살 되는 해이다. 베를린 대학에 간 이듬해인 1914년 드디어 유럽에 제 1차 세계대전이 터지고 그 전쟁은 1918년에야 끝나게 된다. 아인슈타인의 일반상대성이론이 1915년과 1916년 사이에 발표되었으니 일반상대성이론은 제1차 세계대전의 격전 중에 발표된 이론이라 볼 수 있다.

QUIZ 22

일반상대성 원리에 가장 큰 영향을 끼친 이 원리는 중력과 가속도가 같은 역할을 한다는 원리이다. 이 원리를 무엇이라고 부르는가?

해설 특수상대성이론에서 물체의 운동 속도가 빛의 속도에 비해 아주 작으면 뉴턴 역학의 결과와 일치한다. 그러면 비관성계에서도 성립하는 상대성원리는 무엇인가? 또 상대성원리에 중력을 포함시킬 수는 없는가?

ANSWER

22 등가원리

이 두 가지 문제에 대해 아인슈타인은 몇 년 동안 많은 고민을 하고 있었다. 이 문제를 해결할 수 있는 놀라운 아이디어가 떠오른 것은 1907년 11월의 일이었다.
어떤 사람이 자유낙하를 한다면 그 사람은 자신의 무게를 느낄 수 없지 않겠는가?
우리가 엘리베이터를 타고 올라갈 때 우리가 느끼는 무게(겉보기무게)는 원래의 무게보다 커지고 반대로 엘리베이터를 타고 내려가면 우리가 느끼는 무게는 원래의 무게보다 작아진다.
극단적으로 내려가는 엘리베이터의 줄이 끊어져 자유낙하 한다면 엘리베이터의 가속도가 중력가속도가 되므로 우리가 느끼는 무게는 0 이 된다. 즉, 무중력상태를 경험하게 된다. 이것은 중력이 가속도를 소멸시켰기 때문인 것으로 생각할 수 있다.
순간적으로 무중력을 경험하는 방법은 번지점프를 타보는 것이다. 번지점프는 발목을 고무줄에 매달아 높은 곳에서 자유낙하를 한 뒤에 고무줄의 탄성에 의해 다시 오르락내리락하다가 멈추면 줄을 풀고 내려오는 기구이다. 물론 대부분의 사람들이 높은 곳에서 아래를 내려다보면 아찔한 생각이 들지만 번지점프의 매력은 자유낙하라는 등가속도운동을 통해 속도가 시간에 따라 증가할 때의 쾌감에 있다.
우주비행사에게 무중력을 훈련시키는 방법으로는 제트기를 타고 고공에 올라가게 하여 엔진을 끄고 중력만으로 낙하하게 한다. 이때 우주비행사는 약 30초쯤 무중력을 느낄 수 있다.
하지만 뭐니뭐니해도 사람이 가장 무중력 상태를 잘 느낄 수 있는 방법은 낙하산을 타보는 것이다. 비행기를 타고 높이 올라가 낙하산을 메고 뛰어 내리면 낙하산을 펴기 전까지는  자유낙하를 하게 되고 이때 무중력상태를 직접 경험할 수 있게 된다.

우주공간은 무중력상태이다. 따라서 간혹 우주정거장 미르에 있는 우주여행사의 행동을 보면 허공에 둥둥 떠다니는 모습을 보게된다. 무중력 상태란 중력이 없는 곳이므로 중력에 의한 가속도가 생기지 않는다. 이러한 우주에서 우리가 우리의 무게를 느낄 수 있는 방법이 있는가?

줄이 끊어진 엘리베이터를 우주공간으로 옮겨 놓자. 그러면 엘리베이터 속은 무중력 상태가 될 것이다. 이때 엘리베이터에 로프를 매달아 로켓에 연결한 뒤 로켓을 가속시키면 로켓에 의한 가속도가 엘리베이터 안의 중력을 주게 될 것이다. 따라서 엘리베이터 안에서의 생활은 지상에서의 생활과 조금도 차이가 나지 않을 것이다. 이것은 반대로 가속도가 중력을 만든 결과이다.

이것이 유명한 아인슈타인의 사고실험인데 이 실험에 대해 아인슈타인은 중력의 영향은 관측자의 가속도에 의한 영향과 같다는 결론을 얻었다. 이것이 유명한 아인슈타인의 등가원리이다.

1915년 아인슈타인은 중력-가속도 등가원리를 통해 뉴턴의 운동방정식을 상대성원리로 일반화하는 유명한 아인슈타인 방정식을 완성한다. 아인슈타인 방정식은 텐서라는 물리학과 대학원 수준의 어려운 수학과 4차원의 휜 공간을 사용하기 때문에 대학에서 4년간 물리를 공부한다 하더라도 이 방정식을 쉽게 이해하기는 힘들다.

QUIZ 23

아인슈타인의 일반상대성이론에 의하면 우주는 시간과 공간을 합친 4차원 시공간으로 중력에 의해 우주는 휘어진다. 빛은 휘어진 우주 공간에서 최단거리를 여행하기 위해 휘어진다고 한다. 그렇다면 빛이 태양주위를 지날 때 휘어지는 각도는 얼마인가?

해설 투명한 유리로 만든 엘리베이터를 생각하자. 이 엘리베이터의 줄이 끊어져 자유낙하하고 있고 이때 엘리베이터 안의 사람이 바라보면 엘리베이터 안이 무중력상태이므로 빛은 직진한다. 그러나 엘리베이터 밖에 있는 지상의 관측자가 보면 빛이 구부러진다는 것을 알 수 있다. 이것은 중력이 빛의 경로를 휘게 만들 수 있음을 의미한다. 이때 엘리베이터 밖의 관찰자는 지구가 만드는 중력을 느끼는 관찰자이다. 물론 이것은 어디까지나 사고 실험일 뿐이다. 그러나 이 사고 실험에 의하면 빛은 중력이 있는 곳에서 휘어야한다. 물론 여기서 휜다는 것은 매질 속에서 빛이 꺾이는 것과는 다르다. 엘리베이터가 더 빠르게 자유 낙하하는 경우를 생각하자. 자유낙하의 속도는 같은 행성인 경우에는 같은 시간 동안 일정하므로 자유낙하의 속도가 빨라진다는 얘기는 목성처럼 지구보다 중력가속도가 더 큰 행성에서 자유낙하하는 경우를 의미한다. 이 경우 빛은 지구에서의 경우보다 더 많이 휘게 될 것이다. 그렇다면 중력이 크면 클수록 빛이 더 많이 휜다고 말할 수 있다.

그러면 무엇이 우주공간을 휘게 하는가? 그것은 앞에서도 언급한 것처럼 중력이다. 중력을 만들기 위해서는 질량이 있어야한다. 그런데 우주공간의 거의 대부분은 무중력상태이지만 태양과 같이 무거운 별들 주변은 태양으로 인한 강한 중력을 받게 된다. 따라서 이곳을 빛이 지나갈 때 빛은 휘게된다. 물론 우주에는 태양보다 훨씬 더 무거운 천체들도 많이 있다. 그러한 천체 주변에서의 중력은 태양주변보다 훨씬 더 크기 때문에 더 많이 휘어져 있고 그 주변을 빛이 지나갈 때는 더 많이 휘게된다. 아인슈타인의 일반상대론은 특수상대론의 일반화과정이다. 그러면 여기서 일반화는 무엇을 의미하는가? 앞에서도 언급했듯이 특수상대론은 뉴턴의 등속운동의 확장이다. 즉 물체의 운동속도가 빛의 속도에 거의 가까워 질 정도로 빠를 때 뉴턴의 등속운동법칙이 어떻게 변하는가를 언급하고 있다. 등속운동이란 속도가 일정한 운동이다. 따라서 이러한 운동에 대해서 가속도는 0이 된다. 뉴턴의 운동 제2법칙

힘=질량 ×가속도

에서 가속도가 0이면 힘이 0이 되므로 운동방정식은 별 의미를 갖지 못한다. 일반상대론은 등속이 아닌 운동으로 특수상대론을 일반화시킨 이론이다. 따라서 이 경우 뉴턴의 운동방정식을 4차원 시공간으로 확장한 방정식이 존재하는 데 이를 아인슈타인 방정식이라 부른다. 아인슈타인 방정식은 4차원의 텐서라는 아주 어려운 수학에 의해 묘사되기 때문에 여기서는 그 수식적인 묘사는 여기서 생략한다. 굳이 아인슈타인 방정식을 묘사하면 다음과 같이 얘기할 수 있다.

4차원 시공간의 휜 정도=질량 또는 에너지

이 방정식에 의하면 4차원시공간에 놓인 질량을 가진 물질은 시공간을 휘게 한다는 것이다. 질량이 무거우면 공간은 많이 휘고 질량이 가벼우면 공간은 적게 휜다. 우주 공간에는 많은 질

량을 가진 물질들이 분포되어 있다. 지구주위만 보더라도 태양과 9개의 행성과 그 위성들이 있다. 그러면 지구주변의 공간을 많이 휘게 하는 천체는 무엇일까? 질량이 클수록 공간이 많이 휘므로 태양이 지구 주변 공간을 가장 많이 휘게 할 것이다. 바꿔 말해 태양의 질량 때문에 태양 주변에서 공간은 많이 휘어져 있을 것이다.

그렇다면 공간이 많이 휘어 있다는 것이 어떠한 물리적 현상을 가져오는가? 익히 잘 알고 있듯이 빛은 공간 속을 가장 짧은 거리가 되도록 움직인다. 그러면 횡단보도를 무시하고 최단거리를 가기 위해 무단 횡단하는 사람은 휜 공간에서의 빛에 대응되는가? 천만의 말씀이다. 적어도 빛은 아인슈타인의 방정식에 의한 우주공간의 법질서를 잘 지키고 있다. 그러나 무단 횡단하는 사람은 인간사회에 소속된 모든 구성원들에 의해 만들어진 법질서를 무시하는 사람들이다. 시간이 더 걸리더라도 주어진 법질서를 지키고 조금 돌아서 횡단보도를 건너는 사람이 인간사회에서 최단거리를 이동한 셈이 된다.

빛의 경우도 마찬가지이다. 태양 주위는 태양의 무거운 질량으로 인해 골짜기처럼 많이 휘어져있다. 이 휘어진 공간을 인정하며 (법을 지키며) 최단거리를 운동하기 위해서는 빛이 휘어야한다. 이것은 굴절에 의해 빛이 꺾이는 상황과는 다르다. 굴절의 경우는 빛의 직진성이 유지되고 매질의 차이때문에 꺾이는 경우지만 휜 공간에서 빛의 휨은 곡선을 그린다. 아인슈타인은 이 생각을 확인하기 위하여 태양주위에서 빛이 얼마나 휘어야하는가를 계산하였다. 그 계산 결과는 태양주변에서 빛이 직선에 대해 약 1.75초 휘어져 와야 한다는 거이었다. 여기서 각을 나타내는 단위이다. 우리가 알고 있는 각의 단위는 "도"나 "라디안"이다. 그러면 "초"라는 단위는 "도"로 나타내면 어떻게 되는가?

한 바퀴=360도

1도=60분

1분=60초

이므로

1초=1/3600(도)

이다. 따라서 1.75초라는 각은 각도기로 재기 곤란한 아주 작은 각이다. 그렇다면 이렇게 작은 각을 어떻게 관측할 수 있는가? 아인슈타인 방정식대로라면 우주에 질량을 가진 천체들 주변은 천체의 질량으로 인해 휘게된다. 질량이 큰 별 주변은 많이 휘고 지구나 달같이 질량이 작은 천체 주변은 적게 휜다. 우주에 있는 천체들은 서로 다른 크기와 질량을 가지고 있으므로 우주는 이들에 의해 복잡하게 휘어져 있는 것이다.

어떻게 중력에 의해 공간이 휜다는 것을 증명할 수 있는가? 지구와 같이 중력이 작은 곳에서는 중력에 의한 일반상대론 효과를 기대하기는 힘들었다. 그러나 지구의 질량의 109배 정도로 무거운 태양 주변은 태양의 강한 중력으로 인해 많이 휘어져 있지 않겠는가? 그럼 휘어져 있는지 안 휘어져 있는지를 어떻게 알 수 있는가?

빛은 두 점 사이를 시간이 가장 적게 걸리는 경로를 가는데 공간이 휘어있으면 두 점 사이의 최단거리가 되는 경로는 직선이 아니라 곡선이 된다. 빛이 태양 주변의 공간이 휘어진 부분을 지나간다면 빛은 태양 주변에서 휘어져야 한다.

아인슈타인은 자신의 방정식을 풀어 태양주변에서 빛이 휘게 될 것이며 그 휜 각은 1.75초 정도라고 예언했다. 1초라는 각은 1도의 3600의 1인 아주 작은 각이다. 만일 태양주변에서 빛이 이러한 각도로 휘어진다면 그것은 아인슈타인의 일반상대성원리가 옳다는 것을 보여주는 하나의 증거가 되는 셈이다.

QUIZ 24

**태양주위를 지나는 빛이 일반상대성이론에서 예언한 것처럼 휘어진다는 것을 처음 관측한 사람은?**

해설 만일 태양주변에서 빛이 휘어진다면 태양주변의 별의 겉보기위치와 실제위치사이에 차이가 나게 될 것이다. 우선 두 위치가 차이가 난다는 것은 빛이 휜다는 것을 증명하는 셈이고 그 휜

ANSWER

24 에딩턴

각은 지구로부터 그별까지의 거리와 겉보기 위치와 실제위치사이의 거리를 구하면 부채꼴에서 반지름과 호의 길이를 알면 각을 알 수 있듯이 간단하게 구할 수 있다.

그러나 태양 주변을 지나는 별빛을 관찰하여 별의 겉보기 위치와 실제 위치를 표시하기에는 태양의 강한 빛 때문에 쉽지가 않았다. 따라서 관측 팀은 태양이 달에 의해 완전히 가리워지는 개기일식 때를 기다려야 했다.

1912년 아르헨티나 팀은 개개일식 때 관측하려 했으나 비가 와서 실패했고 1914년 독일 관측대는 1차 세계대전으로 관측을 포기했다.

드디어 1919년 아인슈타인이 기다리던 놀라운 관측이 이루어졌다. 1919년 5월 29일 영국은 두 개의 관측 팀을 파견한다. 하나는 에딩턴이 이끄는 기니관측대로 서아프리카 기니의 프린시페섬에서 관측을 시도했고 또 하나는 크롬멜린이 이끄는 브라질관측대로 브라질의 소브랄이라는 지방에서 관측을 시도했다. 관측 원리는 간단하다. 개기일식이 일어나는 동안 태양주변에 있는 별들의 사진을 찍는다. 그리고 시간이 더 흘러 그 별들 사이에 태양이 없을 때 다시 별들의 사진을 찍는다. 지구가 태양주위를 돌기 때문에 별들 사이에 태양이 보일 때도 있고 보이지 않을 때도 생긴다. 이 두 사진을 함께 올려놓아 보면 별의 위치가 달라져 있음을 알 수 있다. 태양이 없을 때의 별의 위치가 실제 위치이고 개기일식 때 찍은 별의 위치는 태양 주변에서 별빛이 휘었으므로 별의 겉보기 위치가 된다. 이 두 위치 사이의 거리가 부채꼴의 호의 길이에 해당하고 별까지의 거리는 여러 가지 방법에 의해 구할 수 있으므로 이 거리가 부채꼴의 반지름이 된다.

따라서 '부채꼴의 호의길이=반지름×사잇각'이므로 부채꼴의 사잇각이 계산된다. 이 각도가 바로 별빛이 태양 주변에서 휜 각이다.

1919년 5월 29일 에딩턴(1882~1944)이 이끄는 그리니치 천문대팀은 드디어 개기일식때 아인슈타인이 예언한 빛의 휨을 관측하는 데 성공했다. 그들은 개기일식 때 태양주변의 별 7개를 택해 별빛의 휜 각을 계산해보니 약 1.98초가 나왔다. 한편 크롬멜린이 이끄는 팀도 같은 날 5개의 별을 택해 빛의 휜 각이 약 1.61초임을 알아냈다.

1922년 9월 21일의 개기일식 때는 그리니치팀이 별 14개를 택하여 휜 각이 1.77초임을 호주의 빅토리아팀이 별 18개를 택하여 휜 각이 1.75초임을 발표했다.

1919년 11월 6일 에딩턴 그룹은 자신들의 관측 결과를 런던의 왕립 천문학회에 발표했다. 이 발표는 아인슈타인에 의해 예언된 중력에 의한 빛의 휘어짐을 확인하는 사건이었고 이것은 아인슈타인의 일반상대성 원리의 위대함을 전 세계에 알리는 혁명적인 사건이 되었다.

발표 다음날 런던 〈타임즈〉지에서는 아인슈타인의 일반상대성 원리를 '과학의 혁명', '우주의 새 이론', '뉴턴 역학이 깨졌다' 등으로 언급했고 11월 11일 〈뉴욕 타임즈〉지는 '하늘 나라의 빛이 모두 휜다', '아인슈타인 이론의 승리' 등으로 아인슈타인 이론을 격찬했다.

QUIZ 25

중력이 큰 곳과 작은 곳에서는 시간이 다르기 흐른다고 알려져 있다. 어느 곳에서 시간이 더 천천히 흐르는가?

해설 태양의 중력 때문에 빛이 휜다면 어떤 현상이 생길까?

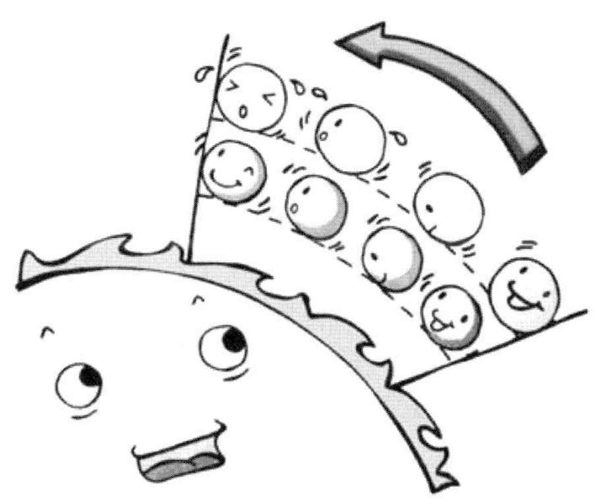

그림처럼 태양 주변에서 빛이 휘어진다고 하자. 이때 휘어진 빛의 파면이 태양의 중심에서 먼곳을 지나는 동안 움직인 거리가 태양의 중심에서 가까운 곳을 지날 때 보다 길다. 그런데 빛의 속도는 어떤 상황에서도 같아야 하므로 빛이 두 경로를 지나갈 때 빛의 속도는 일정하다. 그러므로 태양에 가까운 경로를 지날 때 시간이 느리게 가야만 빛의 속도가 같아진다. 태양에 가까운 곳은 먼 곳보다 중력이 더 큰 곳이므로 중력이 큰 곳에서 시간이 느리게 간다고 말할 수 있다.

ANSWER

25 중력이 큰 곳

만일 두 사람이 한 명은 높은 건물의 맨 위층에서 평생을 살고 또 한 사람은 1층에서 평생을 산다면 누가 더 오래 살겠는가? 1층이 지구 중심에서 가까우므로 중력이 더 커 시간이 느리게 간다. 그러나 지구와 같이 중력이 작은 곳에서 1층과 맨 위층과의 중력 차이에 의한 시간의 느려짐 효과는 거의 피부로 느낄 수 없을 정도이다.
지구도 작은 중력이긴 하지만 중력장을 갖고 있다. 따라서 지구에서도 지구의 중력 때문에 시간이 느리게 가는데 일반상대성 원리에 의해 그 효과를 계산해 보면 1초에 대해 약 10억분의 1초 정도 느리게 간다.
지구보다 중력이 큰 목성에서는 1초에 대해 약 1000만분의 1초 정도, 태양에서는 약 100만분의 1초 정도정도 느리게 가며 중력이 아주 센 중성자별에서는 1초에 대해 10분의 1초 정도 느리게 간다.

## QUIZ 26

**아인슈타인의 일반상대론을 증명하는 또 하나의 중요한 관측인 수성의 근일점 이동현상에 대해 설명하라.**

해설 수성은 태양에서 가장 가까운 행성이다. 수성은 태양을 0.24년에 한 바퀴 돈다. 석 달에 한 번 태양을 도는 셈이므로 지구에 비하면 아주 빠른 공전 속도를 갖는다.
1845년 프랑스의 르베리에는 수성의 공전 궤도가 닫힌 타원이 되지 않음을 알아냈다. 케플러 법칙에 의하면 태양 주위의 모든 행성은 태양을 한 초점으로 갖는 타원 궤도를 그려야 한다. 그런데 뉴턴 역학에 의해 수성에 작용할 수 있는 모든 가능한 효과를 넣어 보았지만 수성이 한 바퀴 돌아올 때마다 100년 동안 각도 43초씩 벗어나 제자리로 돌아오지 못하는 이유를 설명할 수 없었다. 이 관측 사실은 오랫동안 수성에 대해 풀리지 않는 수수께끼였다. 처음에는 이것에 대해 새로운 행성이 수성 궤도의 안쪽에 있어 그 인력으로 수성의 궤도가 영향받는 것이 아닐까 생각했다. 그러나 그러한 행성은 관측되지 않았다.

태양의 중력 때문에 공간이 휘게 되면 수성의 타원 궤도가 닫혀지지 않고 어긋나는 것을 알 수 있는데 아인슈타인 방정식을 풀어보면 바로 수성의 궤도가 어긋나는 각도가 43초 정도임이 알려졌다. 이것이 아인슈타인의 일반상대성 원리의 두 번째 증거이다.

수성 뿐만 아니라 태양계의 다른 행성들도 일반상대성원리에 의해 궤도가 어긋나는데 그 어긋나는 각도가 금성은 8.63초, 지구는 3.84초, 화성은 1.35초, 목성은 0.06초로 수성의 43초에 비해 너무 작기 때문에 보통 수성의 근일점이동현상을 일반상대성원리의 두 번째 예언으로 여긴다.

QUIZ 27

은하를 촬영하면 똑같은 은하가 여러 개 찍히는 것은 아인슈타인의 일반상대성이론과 관계있다. 이 현상을 무엇이라고 부르는가?

ANSWER

27 중력렌즈

해설 아인슈타인의 일반상대성원리의 또 다른 증거로 1987년 미국 키트피크 천문대의 로저린즈가 발견한 중력렌즈라는 현상이 있다. 와상 성운으로부터 온 빛이 은하 단 A370을 통과할 때 볼록렌즈에 의해 빛이 구부러지는 것과 비슷한 현상이 관측되었다. 이때 성운으로 온 빛이 은하단의 강한 중력 때문에 휘어 들어와 성운의 크기가 실제보다 훨씬 더 크게 보이는 일이 일어난 것이다. 이로 인해 우리가 사는 은하계의 크기의 3배의 크기로 보이고 거리도 30만 광년이나 떨어진 것처럼 보이게 되었다. 은하단의 강한 중력으로 그 부분의 시공간이 많이 휘게되어 그 부분을 빛이 통과할 때 휘어 들어오는 데 이때 은하단이 마치 볼록렌즈 같은 역할을 한다고 해서 중력렌즈현상이라고 부른다. 중력렌즈현상은 지금 많이 관측되고 있는 데 처음 로저 린즈가 발견한 것처럼 성운의 크기가 커 보이는 현상 말고도 하나의 은하가 여러 개의 은하로 보이는 현상이 중력렌즈효과로 생기게 된다.

가령 먼 곳의 은하에서 온 빛이 그 은하와 지구 사이에 있는 다른 무거운 은하단의 중력 때문에 굽어지고 이로 인해 지구의 관측자에게는 여러 개의 은하처럼 보이게 된다. 이 현상은 은하와 렌즈역할을 하는 은하단 과 지구가 거의 일직선이 될 때만 관측되는 현상인데 이때 여러 개의 은하는 십자가 모양 또는 링 모양을 이룬다. 십자가 모양으로 관측되는 경우를 아인슈타인 십자가라 부르고 링 모양으로 관측되는 경우를 아인슈타인 링이라고 부른다.

QUIZ 28

**태양의 질량의 30배 이상인 별의 종말로서 엄청나게 큰 질량이 거의 한 점에 모여 있어 큰 중력을 지닌 천체를 무엇이라고 하는가?**

해설 왜 블랙 홀이라고 부르는가? 우리가 블랙(검정)이라는 단어를 들으면 무엇이 생각나는가? 색의 입장에서 블랙은 모든 빛을 흡수하는 성질을 가진다. 반대로 흰색은 모든 빛을 반사한다.

엄청나게 큰 중력 때문에 빛조차도 한번 들어가면 빠져 나올 수 없는 천체를 사람들은 블랙홀이라고 생각하였다. 일반상대론에 의하면 중력이 큰 곳에서 시공간은 많이 휜다. 이 휜 공간에서는 빛도 휘어진다.

ANSWER

28 블랙홀

만일 한 점에 태양의 질량의 30배 이상의 질량이 모여 있으면 어떻게 될까?
그때는 휜다기보다는 가늘고 깊은 끝없는 골짜기가 만들어져 우리 우주(시공간)를 빠져나가는 구멍이 되는 것이 아닐까?
이렇게 깊고 깊은 골짜기에 물체가 빨려 들어가면 그 물체는 밖으로 도망 나오지 못하게 될 것이다. 이렇게 빛조차도 빠져 나올 수 없는 천체를 블랙홀(검은 구멍)이라 불렀다.
블랙홀이라는 이름은 1969년 미국의 휠러(1911~)가 지었지만 블랙홀의 아이디어는 1783년 영국의 미첼이 발표했다.

뉴턴 역학으로도 블랙홀을 설명할 수 있다. 우리가 물체를 위로 던지면 그 물체는 어떤 높이까지 올라가다가 다시 지구로 떨어진다. 물론 어느 높이까지 올라가느냐 하는 것은 물체를 던질 때의 속도와 지구의 중력가속도와 밀접한 관계가 있다.
어떤 속도 이상이 되면 물체는 중력에 의해 땅으로 떨어지지 못하고 중력을 이겨내 그 천체를 탈출하게 되는 데 이것을 탈출속도라 부른다.

탈출속도는 천체가 작고 무거울수록 커지는데 지구의 탈출속도는 초속 11.2km이지만 목성의 탈출속도는 초속 60km이고 태양의 탈출속도는 초속 613km 정도이다.
시리우스 B와 같은 백색왜성에서의 탈출속도는 초속 3360km이고 중성자별에서는 탈출속도가 자그마치 초속 19만2000km에 달한다.

그러면 별이 중력붕괴를 일으켜 중성자별 보다 훨씬 더 밀도가 크게 되어 탈출속도가 빛의 속도보다 커지면 어떤 일이 일어나겠는가? 탈출 속도가 빛의 속도 보다 큰 천체가 있다면 이때는 빛도 이 천체를 빠져나가지 못하게 될 것이다. 물론 빛의 속도라 해도 마찬가지이다. 이것을 뉴턴 역학에서의 블랙홀이라 부른다.

태양 질량 정도의 블랙홀은 평균밀도가 1세제곱센티미터당 200억 톤 정도이고 지구가 블랙홀이 되려면 반지름이 4.44mm 정도로 수축해야한다. 만일 태양이 블랙홀이 된다고 해도 지구를 비롯한 모든 행성들의 궤도에는 변화가 없을 것이다. 그것은 태양과 지구사이의 중력이 달라지지 않기 때문이다. 따라서 아주 멀리 있는 천체들이 블랙홀에 빨려 들어가진 않는다. 이것은 우주 어딘가에 블랙홀이 있다해도 지구가 블랙홀에 빨려 들어가지 않음을 의미한다. 그러면 블랙홀에 얼마만큼 접근해야 블랙홀에 빨려들어 가는가?

이 문제에 대해서는 뉴턴 블랙홀로는 설명하기가 곤란하고 아인슈타인 방정식을 풀어 보아야 한다. 그러나 아인슈타인 방정식은 매우 복잡한 모습을 하고 있으므로 이 방정식을 풀기란 여간 어려운 일이 아니다. 따라서 적당한 가정을 취해 아인슈타인 방정식을 풀게 되는 데 그 가정에 따라 해의 모양은 달라진다. 아인슈타인 방정식을 최초로 푼 사람은 1916년 오스트리아의 슈바르츠실트(1873~1917)이다. 그는 구형 대칭성을 가진 진공상태에 대한 아인슈타인 방정식을 풀어 시공간의 한 점에 물질이 모이면 그 주위에 이상한 경계면이 생기며 그 경계면 안쪽에서는 빛도 빠져 나오지 못한다는 사실을 알아냈다.

이 경계면을 사건의 지평선이라 부른다. 우리가 지평선을 보면 지평선 위쪽의 물체는 볼 수 있지만 지평선 아래쪽은 볼 수 없다. 만일 지평선 위로 해가 떠오르는 것을 보면 해가 지평선 밑에 있을 대는 우리 눈에 보이지 않는다. 여기서 사건의 지평선이라 이름을 붙인 이유는 사건의 지평선 안쪽에서는 시간과 공간이 잘 정의되지 않아 물리적인 법칙이 명확해지지 않는다. 따라서 어떤 사건을 정확히 기술할 수 없게 되므로 이 경계면을 사건의 지평선이라 부르는 것이다. 다시 말해 사건의 지평선을 블랙홀의 표면이라고 생각할 수 있다.

이때 블랙홀이 중심과 사건이 지평선까지의 거리를 슈바르츠실트 반지름이라 부른다. 질량이 $M$인 블랙홀의 슈바르츠실트 반지름을 $R$이라 하면

$$R = \frac{2GM}{c^2}$$

이다. 여기서 $G$는 만유인력 상수이고 $c$는 빛의 속력이다. 슈바르츠실트 반지름이 블랙홀의 질량에 비례하므로 무거운 블랙홀일수록 슈바르츠실트 반지름이 크다. 예를 들어 지구가 블랙홀이 되었을 때 슈바르츠실트 반지름은 9mm이고 태양의 경우는 약 3km정도이다.

사건의 지평선의 안과 밖에서는 시간과 공간의 의미가 달라진다. 사건의 지평선 밖의 시간은 미래를 향해 달릴 뿐 멈추거나 과거로 향하게 할 수는 없다. 한편 블랙홀의 내부에서는 모든

것이 특이점을 향해 진행할 뿐 특이점으로부터 멀어진다는 것은 불가능하다. 즉, 특이점으로부터의 거리가 시간의 역할을 하게 된다.

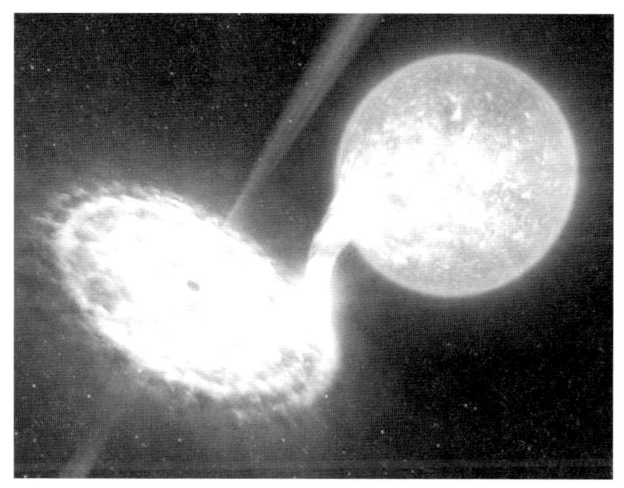

사건의 지평선 안으로 계속 들어가면 강한 중력 때문에 빛도 탈출하지 못한다. 슈바르츠실트의 계산에 따르면 사건의 지평선 안으로 더 들어가면 끝없이 긴 골짜기를 통해 한 점과 만나게 되는 데 이곳은 중력이 무한대가 되는 지점으로 특이점이라고 부른다.

특이점은 밀도와 중력이 무한대가 되며 그 곳에서 시간은 정지하여 기존의 물리법칙이 전혀 성립하지 않는다. 즉 특이점에서는 시간과 공간이 명확하게 정의되지 않으므로 시간과 공간이 뒤죽박죽이 되어 버려 기존의 물리 법칙이 통하지 않고 우리가 알고 있는 인과관계도 전혀 적용되지 않는 이름 그대로 특이한 곳이다. 블랙홀의 모습은 특이점을 사건의 지평선이라는 옷으로 감춘 모습이다.

블랙홀을 멀리서 관측할 경우 블랙홀에 빨려 들어가는 빛은 파랑에서 초록, 초록에서 노랑, 노랑에서 빨강으로 변한다. 그리고 빨간빛은 눈에 보이지 않는 적외선으로 변하고 결국 파장이 무한히 길어진다. 이때 더 이상 빛은 우리 눈에 보이지 않게 된다.

슈바르츠실트의 블랙홀은 완전한 구형인데 비해 다른 종류의 블랙홀을 구하려는 시도가 있었다. 1917년 독일의 바일은 슈바르츠실트의 완전한 구형 대칭성 대신에 비뚤어진 구형 대칭성으로 바꿔 아인슈타인 방정식의 새로운 해를 구했다. 그러니 이 해에 대응하는 물리현상이 실제로 존재하리라고는 당시는 아무도 믿지 않았으며, 다만 이것은 수학적인 해로만 인정되었다.

바일의 해는 슈바르츠실트의 해의 결과와는 다소 차이가 났다. 바일의 해에는 사건의 지평선이 없는 새로운 블랙홀이 나타나는데 이것을 바일 블랙홀이라 하고 이때의 특이점을 벌거벗은 특이점이라 부른다. 바일 블랙홀에서 중력이 무한대가 되는 특이점은 점이라기보다는 고리모양으로 생긴다. 그래서 슈바르츠실트의 특이점과 구분하기 위해 이곳을 특이성 고리라고 부른다.

1963년 뉴질랜드의 수학자 커는 회전하는 블랙홀을 구했다. 커는 블랙홀이 무거운 별의 중력붕괴에 의해 생긴 것이고 모든 별들은 회전하고 있으므로 블랙홀의 경우도 회전하는 블랙홀이 일반적인 경우일 것이라고 주장했다. 이때 사건의 지평선은 두 개가 생겼다. 또한 이 경우도 특이점은 점이 아니라 고리모양이고 안쪽에 있는 사건의 지평선 안에 놓여 있다. 그 후 이스라엘, 호킹, 카터, 로빈슨은 무거운 별의 진화에 의해 생긴 블랙홀은 커 블랙홀임을 보였다. 이 밖에도 전하를 가진 블랙홀을 라이스너와 노스트롬이 찾아냈는데 이것을 라이스너-노스트롬 블랙홀이라 부른다.

미국의 휠러는 블랙홀은 질량, 각운동량(회전과 관련된 물리량), 전하량의 세 변수만을 포함하고 있고 그 밖의 성질은 갖지 않는다고 생각했다. 휠러는 중력붕괴과정에서 '머리털'이 다 빠져 '머리털' 세 개만 남은 대머리의 모습이 블랙홀이라고 생각했다.

QUIZ 29

블랙홀이 반물질을 빨아 들어 사라질 수도 있다고 주장한 물리학자는 누구인가?

ANSWER

29 호킹

해설 지금까지 얘기한 블랙홀은 양자역학과 관련이 없는 블랙홀이었다. 그러나 블랙홀이 아주 작아서 소립자 정도의 크기가 된다면 양자역학적으로 다루어야 한다. 이 생각은 1970년대 초반 호킹에 의해 제안되었다. 호킹이 양자론을 블랙홀에 적용시켜 최초로 얻은 결론은 매우 놀라운 결과였다. 블랙홀이 증발하여 사라질 수 있다는 것이었다.

블랙홀이 사라진다는 것은 무엇일까? 무거운 별의 종말에 의해 만들어진 블랙홀이나 거대 블랙홀의 경우는 그 크기가 크기 때문에 양자론이 적용되지 않는다. 그러나 블랙홀의 크기가 양성자 정도의 크기라면 얘기는 달라진다.

이러한 블랙홀은 우주의 온도가 아주 높고 우주의 크기가 아주 작은 우주 초기에 만들어 졌다 사라진다. 이제 호킹의 증발하는 블랙홀에 대해 알아보자.

우주초기에 양성자정도의 크기에 질량은 10억톤 정도인 초미니 블랙홀이 만들어진다. 블랙홀의 사건의 지평선 주위에서 입자와 반입자의 쌍이 생겨난다. 이때 음의 에너지를 가진 입자가 블랙홀로 빨려 들어가고 블랙홀은 에너지를 보존하기 위해 양의 에너지를 가진 입자들을 방출하기 시작한다. 음의 에너지를 가진 입자를 빨아들인 블랙홀은 점점 질량을 잃어가고 이로 인해 온도가 올라가며 입자들을 방출하여 점점 홀쭉해진다. 마침내 블랙홀은 질량을 다 잃어버리고 그 부분의 시공간은 평평해지면서 블랙홀은 증발한다.

QUIZ 30

**웜홀이란 무엇인가?**

해설 슈바르츠실트가 발견한 블랙홀을 자세히 조사해 보면 사건의 지평선 반대쪽에 또 하나의 세계와 이어져있는 시공간도 나타나 있다는 것을 알 수 있다. 이 일은 처음 1935년 아인슈타인과 로젠에 의해 알려졌는데 그 당시는 이 시공의 터널을 아인슈타인-로젠 다리라고 불렀다. 그들은 아인슈타인-로젠다리를 통해 우리우주를 빠져나가 다른 우주로 갈 수 있을 것이라고 생각했다. 그 후 미국의 휠러는 아인슈타인-로젠 다리가 서로 다른 우주로 통하는 터널이 아니라 우리 우주로 다시 되 돌아오는 터널로 생각하는 것이 더 사리에 맞을 것이라고 주장하며 이렇게 시공간의 두 지점을 이어주는 터널을 웜홀이라 불렀다.
웜홀이라는 이름은 벌레구멍이라는 뜻인데 두 지점을 이어주는 아인슈타인-로젠 다리의 모습이 과일 속에 벌레가 파먹어서 생긴 가느다란 길의 모습과 비슷하다고 해서 붙여진 이름이다.

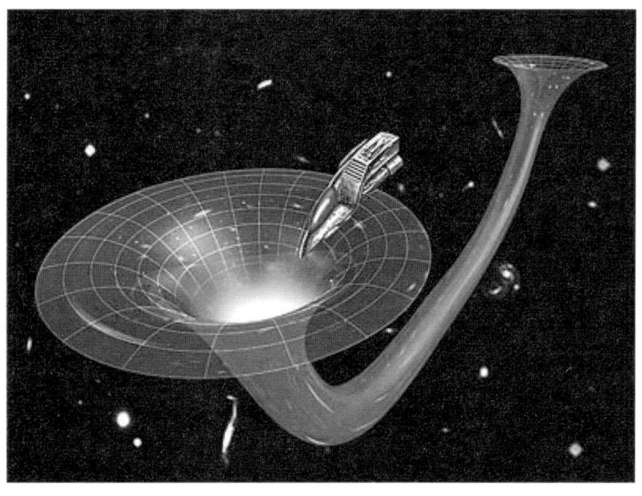

지금은 아인슈타인-로젠다리와 같이 우리 우주의 한 지점과 다른 우주의 한 지점을 이어주는 시공간도 웜홀의 한 종류라고 생각하고 있다.
호킹은 양자론적인 미니블랙홀의 아이디어를 떠올리고 나서 웜홀에 대해 진지하게 생각하였다. 큰 블랙홀은 낮은 표면온도를 갖고 호킹이 생각한 미니 블랙홀은 비교적 높은 표면온도를 갖

는다.
우리는 물체가 가열되면 물체로부터 열복사선이 나온다는 것을 알고 있다. 그러면 블랙홀도 표면온도가 0이 아니므로 복사선을 방출하게 된다. 이때 블랙홀은 복사선이 갖고 나가는 에너지만큼의 에너지를 잃게되고 아인슈타인의 질량-에너지 관계로부터 블랙홀의 질량은 줄어든다. 질량이 줄어들면서 블랙홀은 더 강렬하게 복사선을 뿜어내고 이것이 점점 더 블랙홀을 작게 만들고 마침내 마지막 순간에는 폭발하고 사라져버린다. 이때 블랙홀의 중력에 의해 블랙홀 안으로 떨어진 모든 것도 사라지는데 그러면 이 물질들은 어디로 간 것일까?

이러한 질문에 대해 호킹은 블랙홀이 폭발하여 그냥 사라지는 것이 아니라 우리 우주와 다른 우주를 연결하는 웜홀이라는 통로를 만들고 이 통로를 통해 블랙홀이 빨아들인 물질들이 다른 우주로 갈 것이라고 생각했다.

그러면 과연 자동차로 터널 속을 통과하듯이  이러한 웜홀을 통해 여행을 할 수 있는가? 이 질문에 대한 아인슈타인의 대답을 들어보자. 웜홀 속에서는 매우 강한 중력을 느끼게 되고 사건의 지평선을 지나 다른 우주로 빠져나가기 전에 웜홀이 특이점에 의해 짜부러진다. 특이점에 의해 웜홀이 짜부러지기 전에 빠져나가려면 빛의 속도보다 빨리 달려야한다. 그러나 이것은 불가능하다. 따라서 웜홀을 통한 다른 우주로의 여행은 불가능하다.
그럼 과연 아인슈타인의 주장대로 웜홀을 통해 다른 우주로의 여행은 불가능한가?  아인슈타인이 웜홀의 한 예인 아인슈타인-로젠다리를 찾아냈을 때는 커의 회전하는 블랙홀이 알려져 있지 않았다. 만일 이러한 웜홀이 커의 블랙홀에 의해 연결되어 있다고 하자. 커의 블랙홀이라면 웜홀의 입구인 커 블랙홀의 바깥쪽 사건의 지평선을 지나 안쪽의 사건의 지평선을 통과하게 된다. 안쪽 사건의 지평선을 지나면 이 경우는 웜홀이 특이점으로 짜부러들지 못한다. 그 것은 커 블랙홀의 경우 특이점이 생기는 것이 아니라 반지모양의 특이성 고리가 형성되기 때문이다. 따라서 특이점의 경우와는 달리 마치 훌라후프를 사람이 통과하듯이 특이성 고리 통해 다른 우주로 빠져나갈 수 있을 것처럼 보인다.

그러나 현실은 이처럼 단순하지 않다. 커 블랙홀의 내부지평선은 약간의 상황 변화에 대해서도 불안정하여 특이점으로 바뀐다. 따라서 커 블랙홀로 떨어져 들어간다 해도 특이점과의 충돌을 피할 수는 없다.
웜홀의 입구가 블랙홀이라면 출구는 무엇인가? 블랙홀은 물질을 끌어당기는 지역이다. 만일 물질이 웜홀의 입구인 블랙홀로 빨려 들어가 특이점에 의해 짜부러지는 것을 피한다면 그 물질은 웜홀의 출구를 통해 빠져나가야 한다. 그것은 웜홀의 출구는 물질을 분출시키는 곳이어야 한다. 이렇게 모든 물질을 분출시키는 곳을 화이트홀이라고 부른다. 화이트 홀이 실재로 우주에 존재하는 천체인지 아니면 이론적인 공상에 의해 만들어진 것인지에 대해서는 아직까지 확실치 않다. 그러면 화이트홀이라고 생각할 수 있는 천체가 있는가? 화이트홀은 모든 물질을 분출하는 곳이다. 보통 천문학자들은 우주의 바깥쪽 가장자리에 있는 퀘이사와 시퍼트 은하들이 물질을 분출하고 있으므로 이것을 화이트홀의 증거로 보고 있다. 그러나 만일 우리 우주에 화이트홀이 존재한다면 화이트홀이 언제 어디서 어떻게 생겨났는가를 알아야한다. 그러나 불행히도 화이트홀의 생성원인에 대해서는 잘 알려져 있지 않고 다만 이것들이 우주 초기에 생성되었을 것으로 생각되어지고 있다.

그러면 웜홀을 통한 여행은 불가능한 것인가. 가느다란 고무호스를 생각하자. 이 고무 호스를 수직으로 세우고 조그만 돌을 위쪽 구멍에 놓으면 돌이 고무호스를 지나 바닥에 떨어진다. 이 고무호스를 웜홀에 비유하자. 그런데 고무호스의 중간을 손으로 꽉 눌러 구멍을 막고 이 실험을 다시 하면 돌멩이는 통과할 구멍이 막혀 고무호스를 통과하지 못한다. 이렇게 손으로 꽉 눌러 고무호스의 구멍을 막아 한 점으로 만든 지점이 특이점이다. 이번에는 고무 호스의 안쪽에 쇠로 만든 반지를 끼워 넣고 반지가 끼워진 곳을 다시 손으로 눌러 보자. 이때는 반지가 버티는 힘 때문에 고무호스가 한 점으로 눌려지지 않는다. 다시 말하면 커 블랙홀의 특이성고리가 특이점으로 변하지 않는다는 얘기이다. 그러면 커 블랙홀을 입구로 갖는 웜홀의 특이성고리가 특이점으로 짜부러지지 않도록 하면 되지 않겠는가? 이 생각은 미국의 킵 손과 모리스에 의해 이루어졌다.

그들은 만일 웜홀 속에 강한 중력으로 인해 한 점으로 조여지는 특이점이 형성되지 않으려면 이 조임을 막기 위한 강한 압력을 주는 물질이 존재하면 된다고 생각했다. 그 들은 이 물질을 특이 물질이라고 불렀다. 그러면 특이 물질은 무엇인가? 이 물질을 찾고 있던 킵 손과 모리스에게 호킹의 증발하는 블랙홀은 좋은 힌트가 되었다.

호킹이 증발하는 블랙홀을 다시 생각해보자. 블랙홀은 시공간의 한 점에 큰 중력이 모여 그곳이 많이 휜 모습이다. 그럼 블랙홀이 증발하면 그 지점은 마치 아무 일도 없었던 것처럼 다시 평평해진다. 그렇다면 블랙홀에 의한 강한 중력을 상쇄하는 일종의 반중력이 그 지점에서 형성되어 블랙홀이 사라진 것으로 생각할 수 있다. 물론 블랙홀을 사라지게 만드는 물질은 블랙홀이 빨아들인 음의 에너지를 갖는 반입자들이다.

그러면 이러한 물질들을 적당히 빨아들여 웜홀의 특이성고리속에 갖다놓으면 이들이 그 점에서의 중력을 약하게 만들어 특이성고리가 특이점으로 짜부러드는 것을 막을 수 있지 않겠는가? 그렇다면 이러한 웜홀을 통과하는 것이 가능해 진다. 이것이 킵손과 모리스의 생각이었다. 웜홀여행의 가능성은 곧바로 타임머신을 통한 과거로의 여행을 가능하게 한다.
우리가 블랙홀 안으로 들어갈 때 특이점에 의해 한 점으로 짜부러지는 문제는 이제 해결되었다. 그러나 블랙홀 안으로의 여행을 어렵게 만드는 또 다른 문제는 바로 기조력이다.

기조력이라는 단어는 물리에서보다는 지구과학시간에 달의 운동에 관해 배우면서 많이 들어본 단어이다. 바닷물의 밀물과 썰물이 교대로 일어나는 작용을 조석작용이라 하는 데 이 조석작용을 일으키는 힘이 기조력이다. 기조력은 달과 지구사이의 만유인력과 지구의 원심력의 차이를 말하는 데 이렇게 어떤 지점에서 중력의 차이게 생겨 발생하는 힘을 말한다.
우리가 지구에 서있으면 자신의 머리 부분이 발 부분에 비해 지구 중심으로부터 더 멀다. 거리가 멀어지면 중력이 약해지므로 발 부분이 머리 부분보다 더 큰 중력을 받게된다. 이렇게 머리와 발에 작용하는 중력의 차이때문에 이 사람은 발이 머리보다 더 강한 힘(중력)으로 끌어당겨져 몸이 길게 늘어나게 된다. 물론 지구와 같이 중력이 작은 천체의 경우 머리부분과 발 부분의 중력차이는 거의 무시할 수 있을 정도로 작기 때문에 기조력을 느끼지 못하는 것이다.

그러나 우리가 밀도가 커서 강한 중력을 내는 작은 중성자별에서 산 다면 우리는 이러한 기조력을 느끼게 될 것이다. 극단적으로 블랙홀에서는 기조력을 무시할 수 없다. 그렇다면 우리가 로켓을 타고 블랙홀 안으로 들어가면서 로켓이 블랙홀의 큰 기조력 때문에 엿가락처럼 길게 늘어나 결국 산산조각이 날 것이 아닌가?

예를 들어 태양 정도의 질량을 가진 블랙홀의 경우 중심으로부터 10km 떨어진 곳에서의 기조력은 지구표면에서의 약 1000만배 정도이다. 이 정도의 기조력이라면 로켓을 쉽게 부술 수 있다. 그러면 블랙홀의 기조력을 피해서 블랙홀 안으로의 여행을 할 수 있는 방법은 없는가?

이론적으로 이런 일은 가능하다. 우리가 앞에서 얘기한 바와 같이 별의 죽음에 의해 만들어지는 블랙홀은 작고 가벼운 블랙홀이지만 은하의 중심에 있는 블랙홀은 그 크기도 크고 질량도 큰 블랙홀이다. 예를 들어 태양의 질량의 만배 정도 되는 블랙홀의 사건의 지평선에서의 기조력은 무시할 수 있을 정도로 작다. 이러한 블랙홀을 웜홀의 입구로 갖는 경우 이 웜홀은 지름이 수백만 km에 달하는 시공터널을 갖는다.

블랙홀에 빨려 들어가는 물체를 우리가 멀리서 보면 우리에게는 어떻게 보일까? 우선 블랙홀로 빨려 들어가는 사람은 매우 빠른 속도로 떨어지는 자유낙하를 느낄 것이다. 그러나 밖에서 보고 있는 사람에게는 그 모습이 다르게 비춰진다.

일반상대성이론에 따르면 중력이 강한 곳에서 시간이 느리게 간다. 블랙홀은 중력이 엄청나게 강한 곳이므로 시간의 늦음 효과는 매우 크다. 그래서 밖에서 보는 사람과 블랙홀에 들어가는 사람과의 시간의 진행 방식의 차이는 사건의 지평선에서 무한히 커진다. 그 결과 밖에 있는 사람이 블랙홀에 들어가는 사람을 보면 사건의 지평선에 도달할 때까지 아주 천천히 움직여 무한대의 시간이 걸리고 사건의 지평선에서는 더 이상 움직이지 않는 것처럼 보인다.

블랙홀에 들어가는 빛은 밖에 있는 관찰자에게 어떻게 보일까? 블랙홀에 들어가는 빛을 블랙홀에서 멀리 떨어져있는 사람이 보면 빛의 주기가 길어지므로 진동수가 짧아져 보인다. 진동수와 파장이 반비례하므로 블랙홀에 들어가는 빛의 파장은 길어지고 점점 빨강색으로 변하다가 사건의 지평선에 접근함에 따라 적외선으로 바뀌게 되어 눈에 보이지 않게 된다.

그렇다면 어떻게 블랙홀을 구경할 수 있겠는가? 로켓을 타고 블랙홀 주위를 원운동을 하면 마치 인공위성이 지구 주위를 원운동 하듯이 중력과 원심력이 평형을 이루어 끝없이 블랙홀에 접근할 수 있을 것처럼 보인다. 그러나 강한 중력 때문에 사건의 지평선의 반지름의 3배보다 안쪽으로는 접근할 수 없다. 블랙홀 주위에 도넛 모양으로 건물을 만들면 사건의 지평선의 반지름의 1.25배까지 접근할 수 있다. 이때 이 건물에 로프를 매달면 사건의 지평선까지 가서 블랙홀을 구경하고 다시 올라올 수 있지만 조금이라도 실수에 의해 사건의 지평선 안으로 들어가면 영원히 블랙홀로 빨려 들어가게 된다.

MEMO

자연과학시리즈 • 2
**퀴즈 물리학의 역사**: 현대

초판 인쇄 / 2014년 5월 10일
초판 발행 / 2014년 5월 15일

지은이 / 정완상
펴낸이 / 오판근
펴낸곳 / 교우사
출판등록 / 1994년 3월 24일 제6-0256호
주소 / 서울특별시 동대문구 약령시로 8 교우빌딩 2층
전화 / 02)925-2861(代), 02)925-2825(편집부)
팩스 / 02)925-2860

E-mail / kyowoo@kyowoo.co.kr
http://www.kyowoo.co.kr


ISBN 979-11-251-0036-2 (04400)
979-11-251-0034-8 (세트)

값 **10,000**원